高职高专计算机教学改革 新体系 规划教材

U0737989

XHTML+CSS 网页设计与制作 实例教程

钟江鸿 主 编

姜春莲 邹文杰 副主编

清华大学出版社
北 京

内 容 简 介

本书从初学者的认知角度出发,采用直观、循序渐进的方式介绍了基于 W3C 标准的 XHTML+CSS 技术与规范。全书分为 9 章,包括网页、HTML 与 XHTML 概述,XHTML 标记与应用实例,CSS 基础与应用实例,盒子模型与布局相关技术及应用实例,字体和文本样式及应用实例,背景样式与应用实例,列表样式及列表元素应用实例,网页模板和库的创建及应用,网站项目的构建与运维。

本书可作为高职高专类院校"网页设计与制作"、"DIV+CSS"和"网页前端设计与制作"等课程教材,也可作为有意从事相关工作人员的自学用书。

图书在版编目(CIP)数据

XHTML+CSS 网页设计与制作实例教程/钟江鸿主编.---北京:清华大学出版社,2015 (2017.7 重印)
高职高专计算机教学改革新体系规划教材
ISBN 978-7-302-38854-8

Ⅰ.①X… Ⅱ.①钟… Ⅲ.①超文本标记语言—程序设计—高等职业教育—教材 ②网页制作工具—高等职业教育—教材 Ⅳ.①TP312 ②TP393.092

中国版本图书馆 CIP 数据核字(2015)第 000908 号

责任编辑:刘翰鹏
封面设计:傅瑞学
责任校对:刘 静
责任印制:宋 林

出版发行:清华大学出版社
   网 址:http://www.tup.com.cn,http://www.wqbook.com
   地 址:北京清华大学学研大厦 A 座 邮 编:100084
   社 总 机:010-62770175 邮 购:010-62786544
   投稿与读者服务:010-62776969,c-service@tup.tsinghua.edu.cn
   质 量 反 馈:010-62772015,zhiliang@tup.tsinghua.edu.cn
   课 件 下 载:http://www.tup.com.cn,010-62795764
印 装 者:三河市君旺印务有限公司
经 销:全国新华书店
开 本:185mm×260mm 印 张:12.75 字 数:292 千字
版 次:2015 年 2 月第 1 版 印 次:2017 年 7 月第 3 次印刷
印 数:2601~3800
定 价:25.00 元

产品编号:059524-01

前言

XHTML 的各种标记是构成网页结构和页面内容的基本元素,能够编写出合理的、拥有良好结构并富有语义的 XHTML 文档是学习 XHTML 的目标;深刻理解盒子模型和与布局相关的浮动、清除、定位、显示等关键技术是实现网页布局的基石;CSS 是呈现和实现页面视觉效果的技术,理解和熟悉掌握 CSS 选择器、文本/字体样式、背景样式和列表样式是实践 W3C 标准所倡导的内容和表现分离的最好保障。本书就是围绕这一核心,从初学者的认知角度出发,内容深入浅出,按照"知识点—知识点应用实例—自主训练"的思路组织内容,为突出每次学习的重点,应用实例要求明确并辅以素材,为检验掌握知识的精准度,辅以效果图,使得每次学习都有体会和进步,循序渐进地完成由一名 CSS 新手成长为能理解和熟练掌握 XHTML 和 CSS 这些 Web 关键技术的、可以独当一面的熟手的蜕变。

本书主要内容:第 1 章主要介绍网页、HTML、XHTML 之间的相互关系;第 2 章主要介绍 XHTML 的常用标记及其应用,强调 XHTML 的规则和标记的语义,为编写结构良好并富有语义的 XHTML 文档打基础;第 3 章主要介绍 CSS 基础与应用实例,对选择器的理解和各种常用 CSS 选择器、对层叠性的理解和网页中引入 CSS 的方式是重点;第 4 章主要介绍盒子模型与布局相关技术及应用实例,对盒子模型以及对与布局密切相关的浮动、清除、定位、显示等关键属性的理解和应用是重点和难点;第 5~7 章分别介绍控制页面显示效果的相关样式,如字体和文本样式及应用实例、背景样式与应用实例、列表样式及列表元素应用实例;第 8 章主要介绍网站模板和库的创建及应用;如果说第 2 章~第 8 章是从微观、技术的层面向读者介绍与网页设计与制作相关的知识点和技能,那么第 9 章"网站项目的构建与运维"则是从理念和方法论的宏观角度向读者介绍网页所归属的网站必须考虑的方方面面。

本书特点如下。

(1) 按照"知识点—知识点应用实例—自主训练"的思路组织内容。

(2) 实例精编精选,要求明确,实战性强。

(3) 应用实例和自主训练并行并呼应,均辅以素材,操作性和针对性强。

(4) 强调基本功的训练,循序渐进培训读者手写 CSS 代码的能力。

本书的适用范围:适合作为高职高专类院校"网页设计与制作"、

"DIV+CSS"和"网页前端设计与制作"等课程教材,也适合作为有意从事相关工作人员的自学用书。

本书由钟江鸿任主编,姜青莲、邹文杰任副主编。其中,钟江鸿编写了第 2~8 章并统稿,邹文杰编写了第 9 章,姜春莲参与了本书的策划、第 1 章的编写和校对工作。由于作者水平有限,书中难免存在疏漏之处,敬请广大读者批评指正。作者的联系邮箱:1165370800@qq.com。

编者

2014 年 11 月

目 录

CONTENTS

网页、HTML 与 XHTML 概述

对网站的理解见仁见智,本书从功能的角度将网站理解为一种在 Internet 上发布信息的机制,由一组围绕某个特定主题或者需求展开的 Web 页面组成。

Web 页面简称为网页或者页面,每个网页的核心固然是与主题相关的内容,而好的内容若辅以好的结构和好的呈现则可更好地实现设计和发布网站的目的。本书围绕从技术层面如何按照 XHTML 的有效规则定义格式良好的网页文档以及对网页实施有效的 CSS 来展开。

对任何一个开始学习与 Web 相关技术的人来说,首先应该知道一个名为 W3C 的组织,因为与 Web 相关的架构和标准都是由该组织制订和发布的。W3C 是"World Wide Web Consortium"的缩写,中文译为"万维网联盟",官网是:http://www.w3.org/。W3C 是由万维网的发明人 Tim Berners Lee 于 1994 年 10 月创建的会员组织,其会员包括:软件开发商、内容提供商、企业用户、通信公司、研究机构、研究实验室、标准化团体以及政府,像 IBM、Microsoft、Google、Apple、Adobe 等都是其会员;W3C 的工作是对 Web 进行标准化,创建并维护 WWW 标准,使所有的用户(不论其文化教育背景、能力、财力以及其身体残疾)都能够对 Web 加以利用;W3C 标准被称为 W3C 推荐(W3C Recommendations)。其主要推荐标准如下。

(1) W3C 的 HTML。

(2) W3C XHTML。

(3) W3C XML。

(4) W3C CSS。

(5) W3C XSL。

(6) W3C XML Schema。

(7) W3C XQuery。

(8) W3C DOM。

(9) W3C SOAP。

(10) W3C WSDL。

(11) W3C RDF。

网页主要由 3 部分组成,即结构、表现和行为,上述与网页相关的标准也可进行如下划分。

(1) 结构化标准:主要包括 HTML、XHTML 和 XML 等。

（2）表现标准：主要包括 CSS。

（3）行为标准：主要包括 DOM。

1.1　HTML 4.01 与 XHTML

HTML 是超文本标记语言 Hyper Text Markup Language 的缩写，它是 Internet 上用于编写网页的主要语言，又称 Web 的语言。

HTML 2.0 是 1996 年由 Internet 工程工作小组的 HTML 工作组开发的。

HTML 3.2 作为 W3C 标准发布于 1997 年 1 月 14 日。HTML 3.2 向 HTML 2.0 标准添加了被广泛运用的特性，诸如字体、表格、applets、围绕图像的文本流、上标和下标等。

HTML 4.0 作为一项 W3C 推荐的正式规范，发布于 1997 年 12 月 18 日，于 1999 年 12 月推出修订版 HTML 4.01。HTML 4.01 是重要的 Web 标准，实现网页内容与表现的分离。

随即 W3C 解散了 HTML 工作组，转而开发 XHTML，直到发布 XHTML 1.0 和 XHTML 2.0 规范。由于 XHTML 2.0 规范的复杂性，长期得不到浏览器厂商的接受，以至继续开发 HTML 的后续版本，终止 XHTML 的开发，重新启动 HTML 工作组，于 2008 年 1 月 22 日发布 HTML 5 工作草案。HTML 5 中的新特性包括了嵌入音频、视频和图形的功能，客户端数据存储，以及交互式文档，HTML 5 还包含了更具语义的新元素，如＜nav＞、＜header＞、＜footer＞以及＜figure＞等，目前能解释 HTML 5 的浏览器有 IE 9 以上版本、火狐和遨游等。

XHTML 是可扩展的超文本标记语言 eXtensible Hyper Text Markup Language 的缩写，它是使用可扩展的标识语言（eXtensible Markup Language，XML）对 HTML 4.01 进行重新表达，基于 XML 的 XHTML 和 HTML 的最大区别是按照实际的需要来扩展标签，与之关联的是一个支持性文档——称为文档类型定义（Document Type Definition，DTD）。

HTML 4.01 之所以重要，另外一个原因是 XHTML 1.0，它于 2000 年 1 月正式成为 W3C 的推荐标准（Recommendation）。

HTML 5 是下一代的 Web 标准，是在 HTML 4 的基础上按照最新的 Web 标准进行的优化，不是 XHTML 1.0 或者 XHTML 1.1 的替代品，而是 HTML 4 的重要修订。即 HTML 5 和 XHTML 将并存于 Web。现在按照 XHTML 的标准设计网页，可以在将来更加主动地进入 HTML 5 的时代。

1.2　按照 XHTML 标准编写网页的特征

网页中正确地编写 XHTML 标记，能够确保页面在未来数年内仍可以在主要的浏览器中正确显示。如果基于有效的 XHTML 规则编写格式良好的标记，而且样式表也是有效的 CSS，那么该网站就是符合 Web 标准的。

这里的有效是指网页中只使用了DTD中定义的标签,DTD是每个符合Web标准的网页在网页的顶部,即<HTML>标记的前面通过DOCTYPE标签来关联的。

格式良好是指页面的XHTML代码结构按照以下XHTML编码规则编写。

1. 声明DOCTYPE

该声明位于网页的顶部,即<HTML>标记的前面。用于告诉浏览器如何解释网页中的标记,是包含HTML、XHTML还是两者的混合,常用的是以下两种情形。

情形1:过渡型,即网页中既包含符合XHTML标准也包含不推荐使用的HTML标记,目前大多数网站都使用这种类型,以便原来的HTML代码与新增的XHTML代码可以共存。网页文档开始的文档类型(DOCTYPE)声明如下:

<!DOCTYPE HTML PUBLIC "-//W3C//DTD HTML 4.01 Transitional//EN" http://www.w3.org/TR/html4/loose.dtd>

情形2:严格型,即所有的标记都符合XHTML标准,网页文档开始的文档类型(DOCTYPE)声明如下:

<!DOCTYPE html PUBLIC "-//W3C//DTD **XHTML 1.0 Strict**//EN" "http://www.w3.org/TR/xhtml1/DTD/xhtml1-strict.dtd">

当网页文档中不包含DOCTYPE声明时,就是没有Web标准实施的网页(这时浏览器会进入一种称为Quirks模式,相当于IE 6或者更旧的版本,其特点是不会识别文档对象模型DOM),这是不符合当今技术潮流的。

DOCTYPE标记在语法上的特殊之处是字母全部大写,而且无须使用左斜杠"/"来封闭,这个特点与XHTML规则是相悖的。

2. 声明XML的命名空间

声明XML的命名空间是通过给html标记添加一个名为xmlns的属性来完成的,形如:<html xmlns="http://www.w3.org/1999/xhtml">。用于告诉浏览器在处理XHTML页面时清楚相应的DTD中包含哪些已定义的有效的XHTML标签,它深埋在W3C的服务器中。

以上两个规则说明网页是按当前Web标准编写的,而且能确保网页顺利地被验证通过,尽管删除这两个规则网页仍能被正常浏览,还是强烈建议养成按XHTML规则编写网页的习惯。

3. 声明内容类型

内容类型的声明为在<head>与</head>标记之间添加以下标记:

<meta http-equiv="Content-Type" content="text/html; charset=utf-8" />

这里的元标记<meta>用来说明文档的类型和页面内容所采用的语言。

图1-1对比了没有遵照XHTML规则和遵照了XHTML规则编写的页面代码,留意图中斜体文字。

```
<html>
<head>
  <title>这是无 XHTML 规则的页面</title>
</head>
<body>
<h1>我的第一个标题</h1>
<p>我的第一个段落</p>
</body>
</html>
```

(a) 没有遵照 XHTML 规则的页面代码

```
<!DOCTYPE html PUBLIC "-//W3C//DTD XHTML 1.0 Strict//EN" "http://www.w3.org/
TR/xhtml1/DTD/xhtml1-strict.dtd">
<html xmlns="http://www.w3.org/1999/xhtml">
  <head>
    <title>这是有 XHTML 规则的页面</title>
    <meta http-equiv="Content-Type" content="text/html; charset=utf-8" />
  </head>
  <body>
  <h1>我的第一个标题</h1>
  <p>我的第一个段落</p>
  </body>
</html>
```

(b) 遵照 XHTML 规则的页面代码

图 1-1　无、有 XHTML 规则的页面代码对比

4. 符合 XHTML 标准的编写规则

在编写 XHTML 代码之前,有必要了解符合 XHTML 标准的编写规则。

① 所有的标签都要封闭(除 DOCTYPE 标记外)。

② 所有的标记小写(除 DOCTYPE 标记外)。

③ 标记的属性小写,属性值不能为空,而且属性值用双引号包含。

④ 被注释的内容用<!--和-->来包围。

⑤ 将页面中出现的非标记用的<、& 和>等符号使用相应的实体编码表示,如编码"<"和"&"分别对应"<"和"&",其他常见的还有双引号""、单引号"'"、大于号">"、"《"和"》",分别对应的实体编码为"""、"'"、">"、"«"和"»"。

1.3　浏览器与相关工具

当前主流的浏览器有 Apple Safari、Mozila Firefox、MS IE、Opera、Google Chrome、360 和遨游等,前三种的市场占有率在 90% 以上,除 IE 6.0 外,其余浏览器都能严格遵守 W3C 推荐规范对 CSS 的支持,是所谓的 SCB(Standard Compliant Browser)。

相关工具如下。

(1) Firebug:是 Firefox 浏览器的免费扩展,可以在本地验证网页代码的正确性。

(2) 网页开发工具 WDT(Web Developer Toolbar):也是 Firefox 浏览器的免费扩展,可以从各个角度对网页进行剖析。

这些工具可登录网站 http://www.firefox.com.cn 进行下载。

## 第 2 章

XHTML 标记与应用实例

按照 XHTML 标准编写网页是符合 W3C 规范的,但是并没有改变 HTML 的本质和基本框架,而且 XHTML 沿用了 HTML 的大部分标记,所以其文件类型仍是 html 或者 htm 的;按照 W3C 所提倡的内容与表现分离的原则,内容的表现由 CSS 去实现,所以和之前的 HTML 编写相比具有以下两个特点:一是 XHTML 去除了用于实现内容表现的绝大部分标记,如<color>、<italic>和<font>等,还可以根据需要扩展一些更富语义的标记;二是编码的规则更加严格,如要求标记和属性名小写,属性值不能为空等。

HTML 标签是用来表示文档结构的,结构化的文档是实现有效 CSS 的基础,本章重点学习利用 XHTML 标记编写结构化的文档。

在开始学习 HTML 标记之前,需意识到:浏览器对所有标记都有一个默认的表现形式(样式),即所谓的浏览器的内部样式表,该样式表中定义了浏览器对每个 HTML 标记都有某些与其关联的样式,如字体大小、行间距、颜色、外边距等,不同的浏览器其内部的样式表也有所不同,这也是相同的 HTML 文档在不同的浏览器中显示效果不尽相同的原因。由于某些原因浏览器无法读取用户的自定义样式表时,浏览器的内部样式表就会成为后备样式。

浏览器的内部样式表可以是按照需要用 CSS 去替换的,按需改变标记的默认样式是后续章节的主要内容,本章的重点是用合理的标记去标识内容,产生一个格式好的结构化文档。

2.1　一个简单的 HTML 实例

撇开 XHTML 要求的 DOCTYPE 和 XML 命名空间声明,本节通过一个最简单的 HTML 实例来了解网页代码和网页结构。利用记事本创建一个扩展名为.html 的网页文件,图 2-1 是网页编码和网页浏览效果之间的对比。

网页代码的特点如下。

(1) 网页就是 HTML 文档,对应文件的扩展名是.htm 或者.html。

(2) 网页代码由 HTML(XHTML)这样的标记语言来编写。

(3) 网页的代码是由浏览器来解释显示效果。

HTML 标记的特点如下。

```
<html>
<body>
<h1>我的第一个标题</h1>
<p>我的第一个段落</p>
</body>
</html>
```

我的第一个标题

我的第一个段落

(a) HTML文档　　　　　　　　　　(b) 对应的显示效果

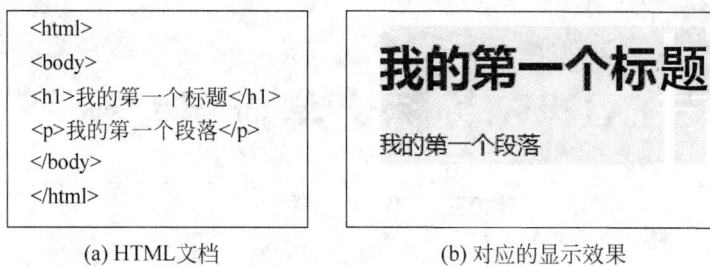

图 2-1　网页编码与浏览效果的对比

（1）标记是由尖括号包围的关键词，如<html>，只使用符合 W3C 规范的标记。

（2）标记通常成对出现，既有开始标记和结束标记，如<html>和</html>；也有少数的空标记如
和<hr/>等。

如图 2-1(a)文档中出现的 4 对标记，其作用如下。

（1）<html>与</html>是文档为网页的标志性标记，不可或缺。

（2）<body>与</body>是显示网页内容的标记，不可或缺。

（3）<h1>与</h1>是显示为一级标题的标记。

（4）<p>与</p>是显示段落的标记。

提示：利用记事本保存网页文件。选择"文件"→"另存为"命令，在弹出的如图 2-2 所示的"另存为"对话框中，将"保存类型"设置为"所有文件（＊.＊）"，在"文件名"文本框中输入带扩展名的文件名，如"ex2-1.html"。

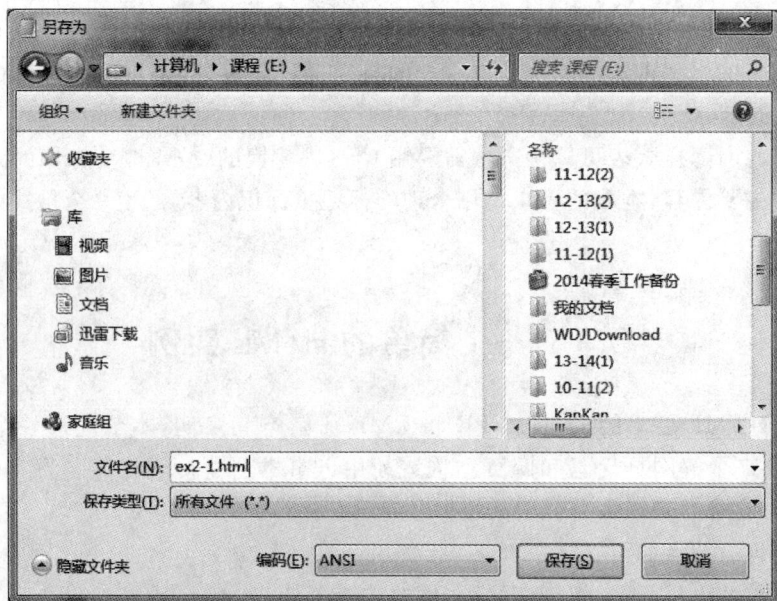

图 2-2　"另存为"对话框

2.2 HTML元素、元素内容及元素属性

网页的核心是与网站主题相关的内容,这些传递信息的内容可以是文字、图片和超链接等,在网页中这些内容是由不同的标记来标示的,这些标记是构成网页的基本元素,通过本节的学习,可以清晰地掌握 HTML 元素、元素内容和元素属性这些有时让人混淆的术语以及厘清这三者之间的关联,为后续各种具体 HTML 标记的学习做准备。表 2-1 列举了三个 HTML 元素。

表 2-1 三个 HTML 元素

开 始 标 记	元 素 内 容	结 束 标 记
<p>	这是一个段落	</p>
<a href="default. htm">	首页	</a>

观察表 2-1,进行如下归纳。

(1) HTML 元素是指包含开始标记、结束标记以及它们之间内容的所有文本。

(2) 元素内容是指介于开始标记与结束标记之间的文本。没有元素内容的标记就是空标记,如
、<img alt="南方的紫荆花" src="紫荆.jpg" />,按照 XHTML 规则,空标记必须在开始标记的结尾加上斜杠"/"。

(3) 元素属性是指位于开始标记部分、用于提供与标记相关的细节和额外信息或者标定标记本身的文本。按照 XHTML 规则,元素属性由小写的属性名和带双引号的属性值构成,如 a 标记中的 href 属性:<a href="default. htm">首页</a>。所有的 HTML 元素都支持 id 和 class 属性。

这里的 HTML 元素是各种 HTML 标记的泛指,刚接触新的内容不能罗列太多和太细分,但也必须有一个粗略的全面认识,这里对 HTML 元素从整体上增加下面几点认识,在后续的学习中对号入座。

(1) 块标记和行标记。区分块标记和行标记非常重要,这是影响布局的重要因素,也是初学者容易忽视的。

块标记是指元素内容另起一行开始的标记,如<h1>、<p>和<div>等;块标记预先设置了外边距以保持彼此之间的距离。

行标记是指元素内容不另起一行,也没有外边距,即横向紧随前面的标记内容显示,只有当页面中没有足够的空间时才会折到下一行显示,如<a>和<span>等。

在后续的章节会学习到块标记和行标记是可以设置其 display 样式进行转换的。

(2) 标记的嵌套。标记的嵌套是 HTML 元素中包含其他 HTML 元素。大多数 HTML 元素是可以嵌套的,但是行标记中不能嵌套块标记。

(3) <html>标记是根元素,一个网页中有且只能有一个<html>标记。

2.3 标题元素和段落元素

2.3.1 标题元素

网页内容包含文字、图片、超链接、导航栏和表单等。给这些内容选择标记的原则是基于内容的功能或者含义而不是其表现。

写文章时,先要拟好大纲,同样读文章时首先要扫描标题,标题是组织文档内容的常用方式,有一级标题、二级标题等,放在网上去发布的网站,内容为王,其中内容的标题就是"王后"了,因为 HTML 网页中的标题除了对内容的提纲挈领,还有一个重要的功能就是有助于网页被更多的人访问到以实现发布网站的初衷,因为搜索引擎使用标题为网页的结构和内容编制索引。

根据内容的层次,可以包含多级标题,与之对应 HTML 标记有 6 组标题标记:<h1>~<h6>,其中<h1>用来标识最重要的标题,<h2>次之。

图 2-3 是 6 个标题标记与对应的浏览效果。

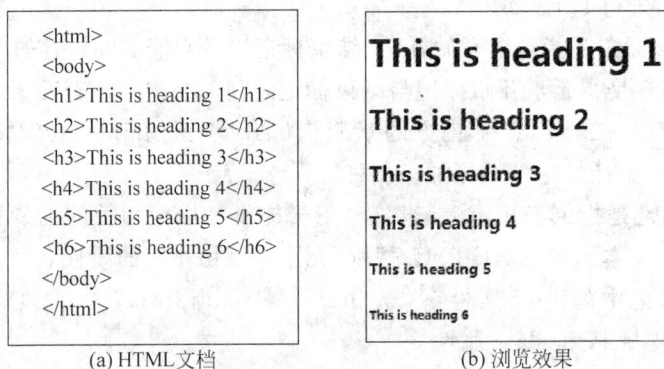

(a) HTML文档   (b) 浏览效果

图 2-3 各种标题标记与浏览效果的对应关系

关于标题标记的几点说明如下。

(1) 只能使用<h1>~<h6>这 6 个既有的标记。

(2) 给具有标题作用的文字设置标题标记,即给标题使用标题标记,而不是从其外观来判断。

(3) 标题标记默认是块标记。

(4) 各级标题的表现形式是由 CSS 来实现的。

(5) 标题标记中不能嵌套其他的标记。

2.3.2 段落元素

段落是围绕标记展开的,内容中的段落用段落标记<p>,图 2-4 是段落标记与对应的浏览效果。

关于段落<p>标记的几点说明如下。

```
<html>
<body>
 <p>This is a paragraph</p>
 <p>This  is   another
    paragraph</p>
</body>
</html>
```

This is a paragraph

This is another paragraph

(a) HTML文档   (b) 浏览结果

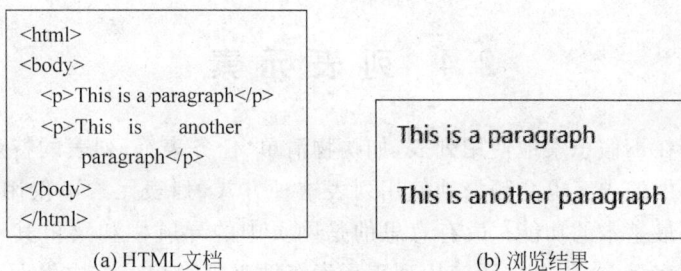

图 2-4 段落标记与浏览效果的对应关系

（1）＜p＞标记是块标记。

（2）浏览器会删除＜p＞标记中多余的空格和空行，即额外的空格或空行都自动减为一个空格。

（3）若要＜p＞标记中的内容换行，可添加强制换行标记＜br /＞来实现。

图 2-5 是＜br /＞标记与对应的浏览效果。

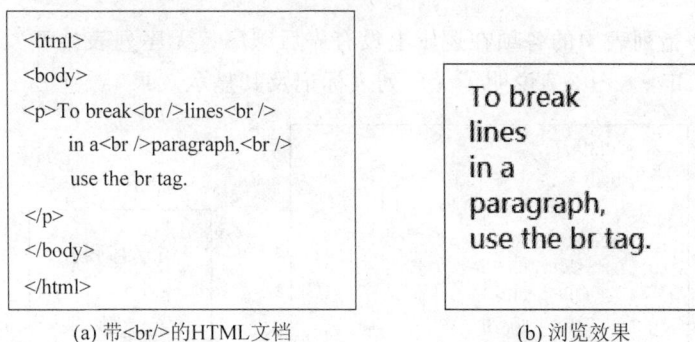

```
<html>
<body>
<p>To break<br />lines<br />
   in a<br />paragraph,<br />
   use the br tag.
</p>
</body>
</html>
```

To break
lines
in a
paragraph,
use the br tag.

(a) 带
的HTML文档   (b) 浏览效果

图 2-5 HTML 的＜br /＞与浏览效果

2.3.3 注释标记

将注释插入 HTML 代码中，这样可以提高代码的可读性，使代码更易被人理解。浏览器会忽略注释，不会显示它们。

HTML 注释的语法是：＜! --注释内容--＞。图 2-6 是带 HTML 注释标记与对应的浏览效果。

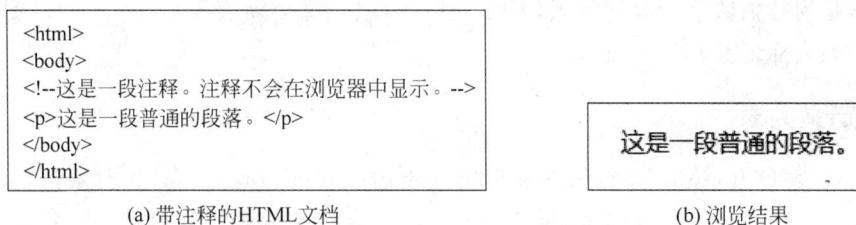

```
<html>
<body>
<!--这是一段注释。注释不会在浏览器中显示。-->
<p>这是一段普通的段落。</p>
</body>
</html>
```

这是一段普通的段落。

(a) 带注释的HTML文档   (b) 浏览结果

图 2-6 HTML 的注释元素与浏览效果

2.4 列 表 元 素

人们每天都在不假思索地使用列表,如购物清单、任务表等,列表的特点是简洁、一目了然。同样网页中的内容也会频繁地使用列表这种方式,列表元素不仅用于分门别类地组织信息发挥其最基本的功能;最有意思的是网页中的导航栏和菜单其对应的 HTML 代码几乎都是列表元素,所以灵活使用列表元素有助于正确编写结构化 HTML 文档。

列表元素是由多个列表项组成的,每个列表项可以是段落、图片、超链接以及其他列表等。根据所要描述的内容可选取不同的列表元素,HTML 提供的列表元素有:无序列表、有序列表和定义列表。

不同的浏览器显示的效果可能不同,但对其显示效果的精确控制是通过后续将要学习的 CSS 来实现的。

2.4.1 无序列表

无序列表是指列表中的各项在逻辑上没有先后顺序。无序列表始于<ul>标记。每个列表项始于<li>。图 2-7 说明了无序列表标记及其显示效果。

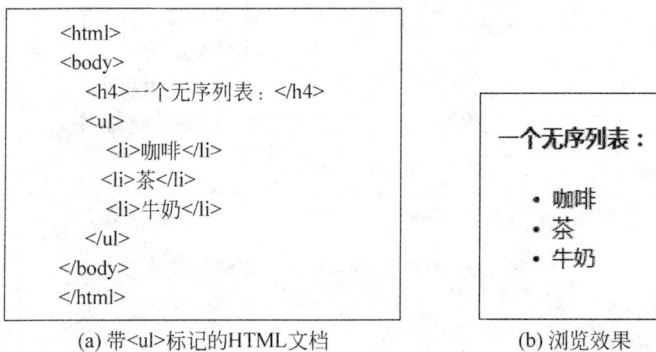

```
<html>
<body>
  <h4>一个无序列表: </h4>
  <ul>
    <li>咖啡</li>
    <li>茶</li>
    <li>牛奶</li>
  </ul>
</body>
</html>
```

一个无序列表:

- 咖啡
- 茶
- 牛奶

(a) 带<ul>标记的HTML文档   (b) 浏览效果

图 2-7 HTML 的无序列表元素与浏览效果

2.4.2 有序列表

有序列表是每个列表项有顺序区分,可以用数字或者字母等多种形式来表示顺序。默认情形是阿拉伯数字。有序列表始于<ol>标记。每个列表项始于<li>。图 2-8 说明了有序列表标记及其显示效果。

2.4.3 定义列表

定义列表(Definition List)用来标记定义术语(Definition Term)和对术语的描述或者解释(Definition Data);定义列表在每项之前没有特殊的符号或者编号。定义列表始于<dl>标记,每个列表项包含一个始于<dt>标记的定义术语和一个或者多个始于<dd>标记的术语解释。图 2-9 说明了定义列表标记及其显示效果。

```
<html>
<body>
 <h4>一个有序列表：</h4>
 <ol>
  <li>咖啡</li>
  <li>茶</li>
  <li>牛奶</li>
 </ol>
</body>
</html>
```

(a) 带<ol>标记的HTML文档　　　　(b) 浏览效果

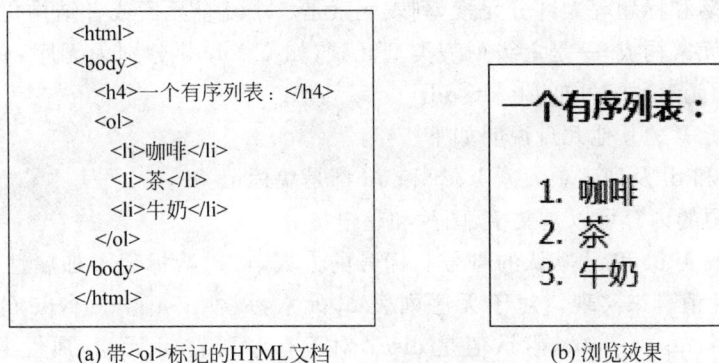

图 2-8　HTML 的有序列表元素与浏览效果

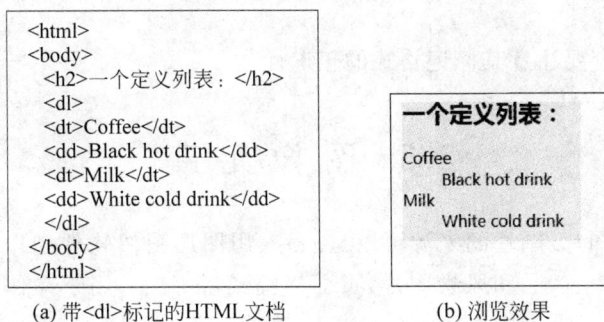

```
<html>
<body>
 <h2>一个定义列表：</h2>
 <dl>
 <dt>Coffee</dt>
 <dd>Black hot drink</dd>
 <dt>Milk</dt>
 <dd>White cold drink</dd>
 </dl>
</body>
</html>
```

(a) 带<dl>标记的HTML文档　　　　(b) 浏览效果

图 2-9　HTML 的定义列表元素与浏览效果

2.4.4　列表的嵌套

列表是可以嵌套的，即在列表项中可以包含列表，就像主菜单下有子菜单，图 2-10 呈现了列表的嵌套及其显示效果。

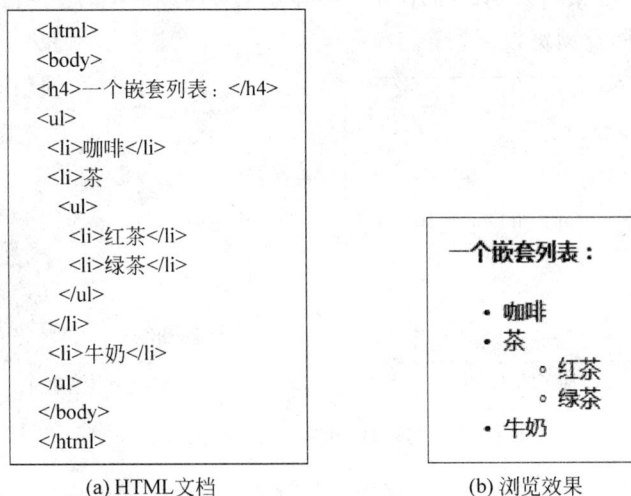

```
<html>
<body>
<h4>一个嵌套列表：</h4>
<ul>
 <li>咖啡</li>
 <li>茶
  <ul>
   <li>红茶</li>
   <li>绿茶</li>
  </ul>
 </li>
 <li>牛奶</li>
</ul>
</body>
</html>
```

(a) HTML文档　　　　(b) 浏览效果

图 2-10　列表元素的嵌套与浏览效果

不同于段落和标题等大部分元素,列表元素是一个复合元素或者结构化元素,即列表类元素由两个元素构成,一是上级列表类型元素,如 ul、ol、dl 分别为无序、有序和定义列表,二是列表项元素,如对应的 li、dt/dd。

关于列表元素的其他几点说明如下。

(1) ul、ol 和 dl 及列表项元素 li、dt 和 dd 都是块标记。

(2) 列表项的内容可以是文字、图片和超链接等。

(3) 若要改变 ul 和 ol 默认的符号和标号的方式,可以给标记添加属性 style＝"list-style-type:属性值;"来实现。对于无序列表 ul 元素,属性 list-style-type 的主要属性值有：disc│circle│square│none,默认值是 disc;对于有序列表 ol 元素,属性 list-style-type 的主要属性值有：decimal│lower-alpha │ upper-alpha │ lower-roman │ upper-roman│none,默认值是 decimal;甚至可以使用 list-style-type 属性的取值,无序列表和无序列表可以相互转化。

(4) 列表的嵌套要注意其标记格式的正确性。

2.5　图　像　元　素

网页上少不了图片,图片的来源可以是照片、用图形图像软件创作或者来自网络等;图片的内容可以是人、产品和风景图片,页面横幅或者 Logo,用于操作的按钮或者图标、背景等。

这些图片依据其功能可以分为两大类：一类是内容性图片(如人、产品和风景图片),它是网页实质性内容,若缺少它,就会缺失内容或者信息不充分;第二类图片是装饰性图片,用来加强网页的视觉效果,如按钮、图标和背景图片等。至于页面横幅或者 Logo 既可以作为内容性图片也可作为装饰性图片。

网页中引入图片的方式：内容性图片是使用＜img＞标记将图片载入页面中;而装饰性图片是通过 CSS 来引入的。本小节主要介绍＜img＞标记,图 2-11 是含有＜img＞标记的 HTML 文档及浏览效果。

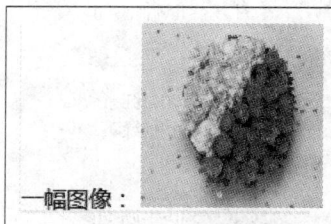

```
<html>
<body>
  <p>
  一幅图像：
  <img    src="image/InFlower_1001.jpg"
alt="花" width="128" height="128" />
  </p>
</body>
</html>
```

(a) 带＜img＞标记的HTML文档　　　　　　　(b) 浏览效果

图 2-11　HTML 图像元素与浏览效果

＜img＞是空标记,即它是没有元素内容的标记,在开始标记中完成标记的闭合。图像元素的主要属性如下。

（1）src 属性：指定所显示图片（含动画）的具体存储位置，是＜img＞标记中不可或缺的属性。

（2）alt 属性：指定图像的替换文本，也是＜img＞标记中很重要的属性。其功能一是在浏览器无法正常载入图像时，浏览器将显示这个替代文本；二是给 alt 属性设置与网站关键词相关的属性值，可以提高网页被检索到的概率，这也是搜索引擎优化 SEO 的手段之一，所以无论从网页的内容显示还是网页发布角度来看，给＜img＞标记中添加 alt 属性都是必要的。图 2-12 说明了 alt 属性的显示效果。

```
<html>
<body>
 <p>
一幅图像：
<img src="image/InFlower_1001.jpg"
width="60" height="60" />
</p>
 图像不能正常载入时：
 <img      alt="      花      "
src="image1/InFlower-1001.jpg" width="60"
height="60" />
</body>
</html>
```

(a) 带＜img＞标记的HTML文档

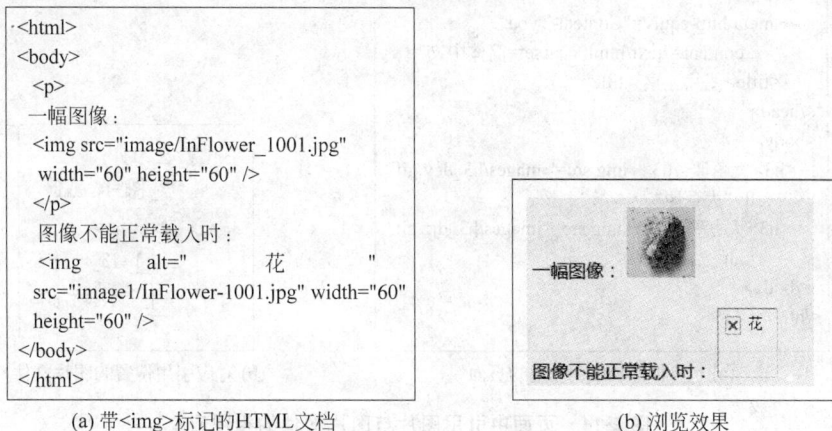

(b) 浏览效果

图 2-12 HTML 图像元素的 alt 属性与浏览效果

（3）title 属性：用于描述图片，仅在图片正常显示时出现。

（4）width 和 height 属性：用于设置图片的显示尺寸。图 2-13 说明了这两个属性的效果。这两个属性是可选的，若没有这两个属性就按图片的原始尺寸显示；若只设置其中一个，就按原来的长宽比显示。值得注意的是，浏览器在调整图像大小方面并不出色，若要改变图片的大小，最好用专业的图像软件处理。

```
<html>
<body >
<p>
 <img src="image/InFlower_1001.jpg"
 width="60" height="60" />
 </p>
 <img    src="image/InFlower_1001.jpg"
width="120" height="120" />
</body>
</html>
```

(a) HTML文档

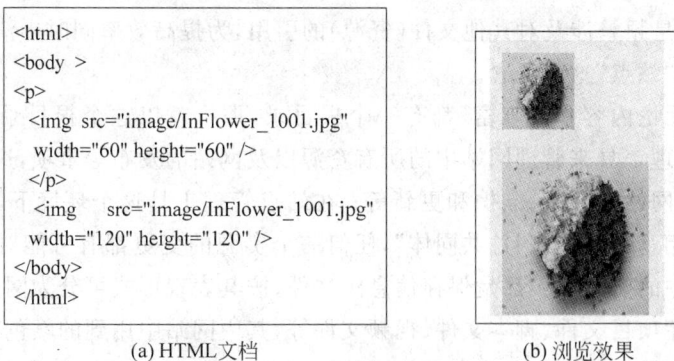

(b) 浏览效果

图 2-13 HTML 图像元素的大小控制与浏览效果

关于图像＜img＞标记的几点说明如下。

（1）＜img＞标记是行标记。

（2）＜img＞标记中 src 和 alt 属性是不可缺少的。

（3）<img>标记中 src 属性值若使用相对路径是以<img>所在的页面文件为参照的。

（4）<img>标记引入图片虽然是作为页面的一部分内容显示,但它是独立于页面文档的图片文件,即若页面中通过<img>标记包含两幅图片,就应该有与之对应的两个图片文件,如图 2-14(a)对应的页面中包含两个<img>标记,对应的引用位置就有相应的独立于页面的图片文件,如图 2-14(b)所示,否则浏览页面时就不能正确显示图片。

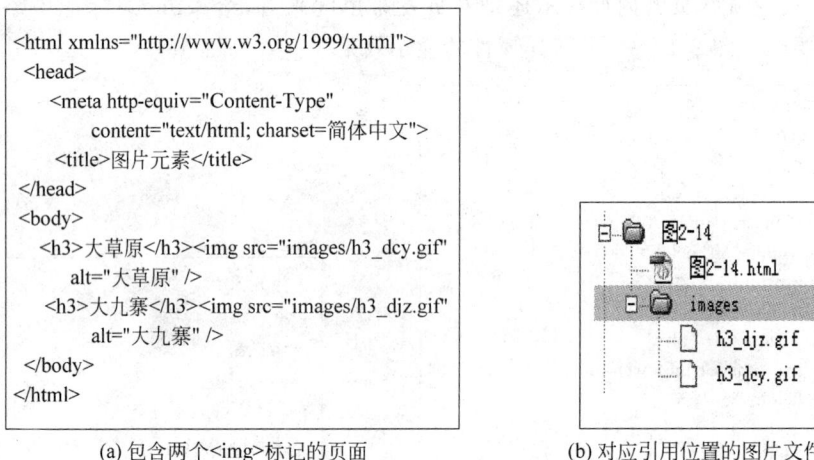

```
<html xmlns="http://www.w3.org/1999/xhtml">
  <head>
     <meta http-equiv="Content-Type"
          content="text/html; charset=简体中文">
     <title>图片元素</title>
  </head>
  <body>
     <h3>大草原</h3><img src="images/h3_dcy.gif"
          alt="大草原" />
     <h3>大九寨</h3><img src="images/h3_djz.gif"
          alt="大九寨" />
  </body>
</html>
```

(a) 包含两个<img>标记的页面　　　　　　　(b) 对应引用位置的图片文件

图 2-14　页面中引用图片与图片文件的相呼应

（5）IE 6 只支持 .gif 格式的透明图片,不支持 .png 格式的透明图片。IE 7 以上的版本两种格式均支持。

2.6　站点与站点的创建/管理

引入<img>标记后,就涉及在网页文件中对其他文件的引用,下一节中将介绍的链接元素<a>更是频繁涉及对其他文件(资源)的引用,为提高效率同时弄清楚文件之间的关系,在此引入"站点"这个概念。

一个网站无论内容多么丰富,都有一个根目录,那么就以这个根目录来创建一个站点,利用站点管理工具来管理网站中的所有资源以及网站的发布等事项,这些事项小到网页的修改,大到网站的发布、维护和更新等;在站点管理工具这个环境下,站点的所有资源形成了一个相互关联的"利益共同体",任何一个资源的变更都有可能对其他的资源产生影响。网站中的资源其实都是保存信息的文件,按其表现形式可分为网页文件、图片文件、模板文件、库项目文件、脚本文件、视频文件等,其中网站中用到的颜色都是资源。

站点是用于管理网站中各种资源的一种机制,每个站点都有一个站点名称和对应的文件夹。网页制作专用软件 Dreamweaver 提供了相关的命令用于创建和管理站点。

假设"D:\ch2"文件夹是名为"ch2_example"的站点对应的根目录。利用 Dreamweaver 创建这个站点的步骤如下。

（1）确定站点名称:启动 Dreamweaver,选择"站点"→"新建站点"命令,在如图 2-15

所示的"站点定义"对话框中"站点名称"文本框中输入"ch2_example"。

（2）确定站点对应的位置：单击"本地根文件夹"文本框后的打开文件夹图标 📁 ，在对话框中选择作为站点文件夹的根目录即可（如图 2-15 所示的"D:\ch2\"），然后单击"确定"按钮。

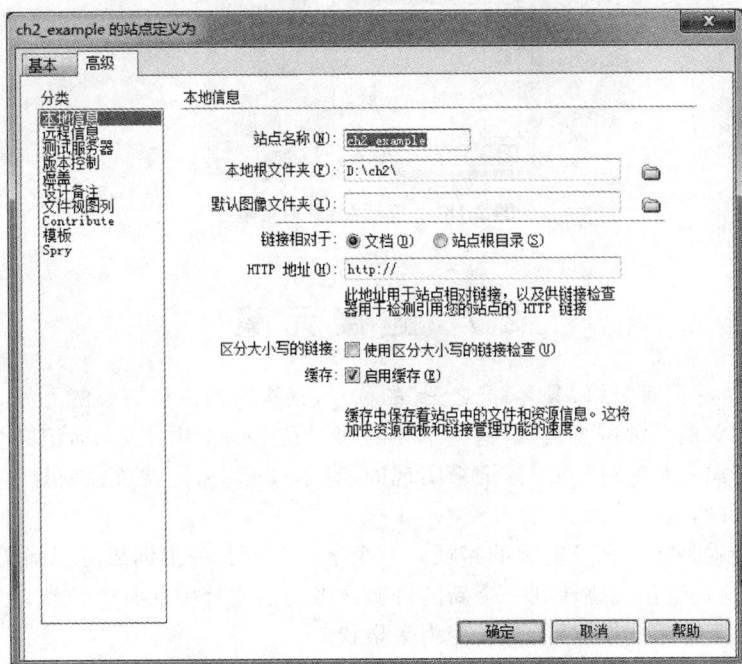

图 2-15　"站点定义"对话框

（3）切换到"文件"面板，如图 2-16 所示，这就是所谓的站点管理环境，对站内资源的管理和上传等事项都是在该环境中进行的。如果要管理站内的某个文件/文件夹，则需右击该文件/文件夹，利用如图 2-17 所示的快捷菜单中的命令来操作，这样才能使资源之间的相互关联得以体现，对于初学者，很容易犯"在操作系统的资源管理器环境下管理站内资源"的错误。

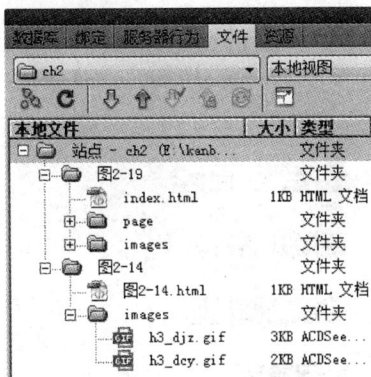

图 2-16　"文件"面板：站点管理环境

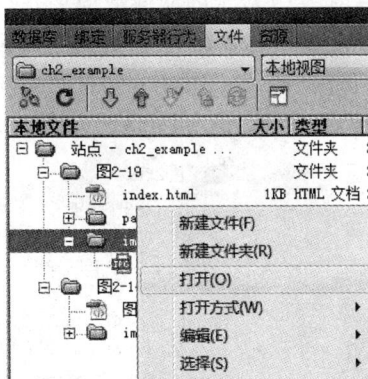

图 2-17　利用快捷菜单管理站内文件/文件夹

站点的管理就是站点名站的更改、站点对应位置的更新以及站点的删除等,可选择
"站点"→"管理站点"命令,在如图 2-18 所示的"管理站点"对话框中完成。

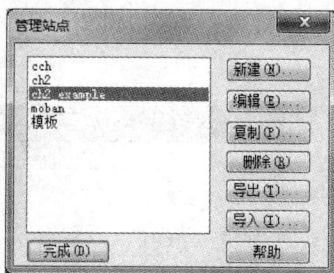

图 2-18   "管理站点"对话框

2.7   链 接 元 素

链接<a>标记有"HTML 标记之王"的称号,是构成网页最核心的元素,一个网站由
若干个内容相关的单独网页组成,这些单独的网页在结构上由<a>标记链接联系起来,
网站和站外资源也是通过<a>标记来实现的,有了<a>标记就可以将这些网站内外的
资源结成一张网,无所不及。

所谓链接就是指向某一资源的路径。一个字、一个词、一组词或者一幅图像都可以作
为链接,单击这些链接就跳转到一个新的资源或者当前文档中的某个位置,当鼠标指针移
动到网页中的某个超链接时,箭头会变为手指状。

2.7.1   使用<a>标记链接到一个新的资源

<a>标记使用 href 属性来指定链接的目标资源,目标资源可以是本网站的资源,也
可以是本网站外部的资源或者邮件地址。

1. 链接到本网站的资源

网站中有许多文件,需要对文件进行分类管理,如将网站中的内容图片放在 images
文件夹中,将样式文件放入 css 文件夹等,站内资源的引用是使用相对路径来实现的,接
下来以图 2-19 所示的文件结构来介绍如何引用站内资源。

假设基于图 2-19 所示的站点文件结构,页面文件 p1.html 的浏览效果如图 2-20 所
示,页面 p2、图片 a、图片 b 和首页对应的文件分别是图 2-19 文件结构中的文件 p2.html、
pic_a.jpg、pic_b.jpg 和 index.html。

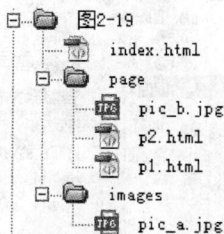

图 2-19   文件结构

图 2-20   页面 p1 的浏览效果

为实现上述效果,页面 p1.html 的代码如图 2-21 所示。

```
<html>
  <head>
    <meta http-equiv="Content-Type" content="text/html; charset=简体中文">
    <title>练习相对路径的引用</title>
  </head>
  <body>
    <h3><a href="p2.html">链接到页面p2</a></h3>
    <h3><a href="../images/pic_a.jpg">链接到图片a</a></h3>
    <h3><a href="pic_b.jpg">链接到图片b</a></h3>
    <h3><a href="../index.html">返回首页</a></h3>
  </body>
</html>
```

图 2-21　页面文件 p1.html 的 XHTML 代码

关于<a>标记中 href 属性取值的几点说明如下。

(1) 文件夹之间或者文件夹与文件之间用左斜杠"/"分隔。

(2) 双点号".."表示当前文档的上一级文件夹。

(3) 目标页面不允许带空格的文件名,即养成保存文件时,文件名中不出现空格的习惯。

(4) 链接到本机的绝对地址,如"<a href="file:///D/ch2/图 2-19/index.html">返回首页</a>"仅仅是用于测试,不能用于网页的发布,而且强烈建议避免这种情形,而采用相对地址。

2. 链接到站外资源

链接到站外资源时,属性 href 的值是采用包含完整地址的绝对路径,如:

访问<a href="http://www.sdpt.com.cn/">顺德职院</a>

这行代码经浏览器解析后显示为:访问顺德职院。

3. 链接到一个 E-mail 地址

可表示为:

<a href="mailto:xxx@126.com">邮件联系</a>

这行代码经浏览器解析后显示为:邮件联系。

4. 用"#"表示一个空连接

在测试阶段频繁使用这种情形,可表示为:

<a href="#">联系</a>

这行代码经浏览器解析后显示为:联系。

5. title 属性

用于设置链接文本或图像的提示性文字,即鼠标悬停于链接时的提示文字。

2.7.2 使用<a>标记跳转到当前文档的指定位置

当利用<a>标记通过链接指向当前文档的其他一个位置时,需要在指定位置利用<a>标记的 id 属性定义一个标识位置的锚,然后定义一个指向锚的链接,这两者之间形成一个呼应关系,如:

<a id="tip"></a>有用的提示!

上述在文本"有用的提示!"位置之前定义了一个名为"tip"的锚,这里仅仅标识一个位置,所以在<a>和</a>之间可以没有文字。

与之呼应的是:在其他位置定义一个指向锚为 tip 的链接,留意锚名之前加♯:

访问<a href="♯tip">有用的提示</a>

这样在定义锚<a id="tip">和链接锚<a href="♯tip">之间就存在呼应关系,直接单击链接跳转到锚名 tip 所在的位置,而无须不停地滚动页面来寻找。

命名锚经常用于大型文档开始位置的目录,即在每个章节的起始位置定义一个命名锚,然后在目录中定义指向这些锚的链接,又称导航目录。这类最典型的应用如百度百科,其中几乎每个词条都采用这样的导航方式。

图 2-22 呈现了<a>标记 id 属性和 href 属性的呼应关系,当单击浏览效果图的链接"查看 Chapter 3。"时,页面就会定位到显示 Chapter 3 的位置。

提示:若效果不明显可以修改 HTML 代码,扩充页面内容使链接点和目标点不在同一页面;或者通过拖动鼠标缩小浏览器窗口以至不显示 Chapter 3,如图 2-23 所示,然后再单击查看 Chapter 3。链接。

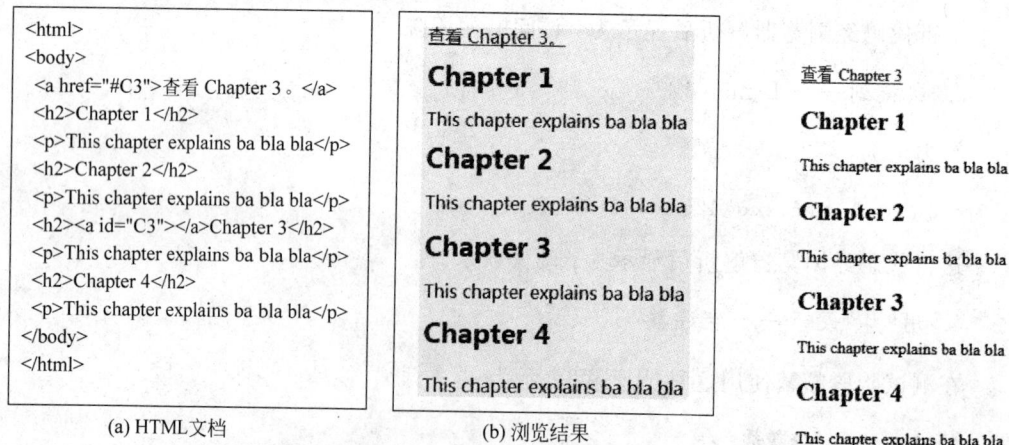

```
<html>
<body>
<a href="#C3">查看 Chapter 3。</a>
<h2>Chapter 1</h2>
<p>This chapter explains ba bla bla</p>
<h2>Chapter 2</h2>
<p>This chapter explains ba bla bla</p>
<h2><a id="C3"></a>Chapter 3</h2>
<p>This chapter explains ba bla bla</p>
<h2>Chapter 4</h2>
<p>This chapter explains ba bla bla</p>
</body>
</html>
```

(a) HTML文档

查看 Chapter 3。

Chapter 1

This chapter explains ba bla bla

Chapter 2

This chapter explains ba bla bla

Chapter 3

This chapter explains ba bla bla

Chapter 4

This chapter explains ba bla bla

(b) 浏览结果

图 2-22　HTML 中锚的定义与应用示意图

查看 Chapter 3

Chapter 1

This chapter explains ba bla bla

Chapter 2

This chapter explains ba bla bla

Chapter 3

This chapter explains ba bla bla

Chapter 4

This chapter explains ba bla bla

图 2-23　缩小浏览器的窗口

利用＜a＞标记跳转到当前文档指定位置，说明如下。

(1) 定义锚和链接锚都是在同一个网页文档。

(2) 用 id 定义的锚名只能是以字母开头的字母、数字或者下划线字符串。

(3) 当 href 指向不存在的锚名或者缺少锚名前的＃时，单击链接会显示页面的顶部。

2.8 表格元素

依据 W3C 的 HTML 4.0.1/XHTML 推荐标准，表格逐渐从网页布局的角色退出，回归到表格本来的功能，即用于存放若干行和若干列数据的容器。

表格由＜table＞标记来定义。每个表格均有若干行(由＜tr＞标记定义)，而每行被分割为若干单元格(由＜td＞标记定义)。字母 td 指表格数据(table data)，即数据单元格的内容。数据单元格可以包含文本、图片、列表、段落、表单和表格等。

每个表格由 table 标记开始，每个表格行由 tr 标记开始，每个表格数据由 td 标记开始。

1. 表格的创建与边框

图 2-24 和图 2-25 说明了表格元素及相关属性的应用效果。

```
<html>
<body>
  <h4>一列：</h4>
  <table border="1">
  <tr>
    <td>100</td>
  </tr>
  </table>
  <h4>一行三列：</h4>
  <table border="1">
  <tr>
    <td>100</td>
    <td>200</td>
    <td>300</td>
  </tr>
  </table>
  <h4>两行三列：</h4>
  <table border="1">
  <tr>
    <td>100</td>
    <td>200</td>
    <td>300</td>
  </tr>
  <tr>
    <td>400</td>
    <td>500</td>
    <td>600</td>
  </tr>
  </table>
</body>
</html>
```

(a) 带<table>标记的HTML文档

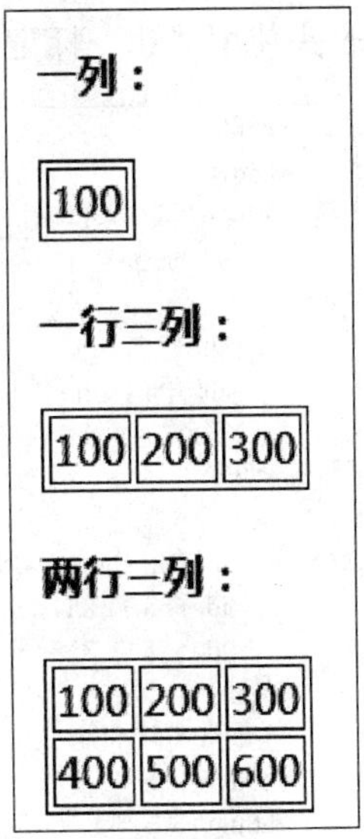

(b) 浏览效果

图 2-24 HTML 表格元素及效果

```
<html>
<body>
  <h4>带有普通的边框：</h4>
  <table border="1">
  <tr>
    <td>First</td>
    <td>Row</td>
  </tr>
  <tr>
    <td>Second</td>
    <td>Row</td>
  </tr>
  </table>
  <h4>带有粗的边框：</h4>
  <table border="8">
  <tr>
    <td>First</td>
    <td>Row</td>
  </tr>
  <tr>
    <td>Second</td>
    <td>Row</td>
  </tr>
  </table>
</body>
</html>
```

(a) HTML文档

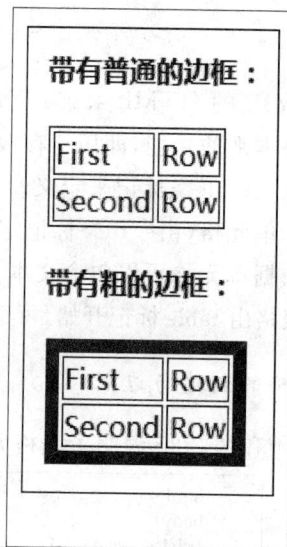

(b) 浏览效果

图 2-25　不同边框的 HTML 表格元素及效果

2. 表格的表头

表格的表头使用<th>标记进行定义。图 2-26 显示了<th>标记的应用效果。

```
<html>
<body>
  <h4>表头：</h4>
  <table border="1">
  <tr>
    <th>姓名</th>
    <th>电话</th>
    <th>电话</th>
  </tr>
  <tr>
    <td>Bill Gates</td>
    <td>555 77 854</td>
    <td>555 77 855</td>
  </tr>
  </table>
</body>
</html>
```

(a) HTML文档

表头：

姓名	电话	电话
Bill Gates	555 77 854	555 77 855

(b) 浏览效果

图 2-26　带表头的 HTML 表格元素及效果

3. 带标题的表格

表格的标题使用<caption>标记进行定义。图2-27显示了<caption>标记的应用效果。

```
<html>
<body>
  <table border="6">
  <caption>我的标题</caption>
   <tr>
     <td>100</td>
     <td>200</td>
     </tr>
   <tr>
     <td>400</td>
     <td>500</td>
     </tr>
   </table>
</body>
</html>
```

(a) HTML文档

我的标题

| 100 | 200 |
| 400 | 500 |

(b) 浏览效果

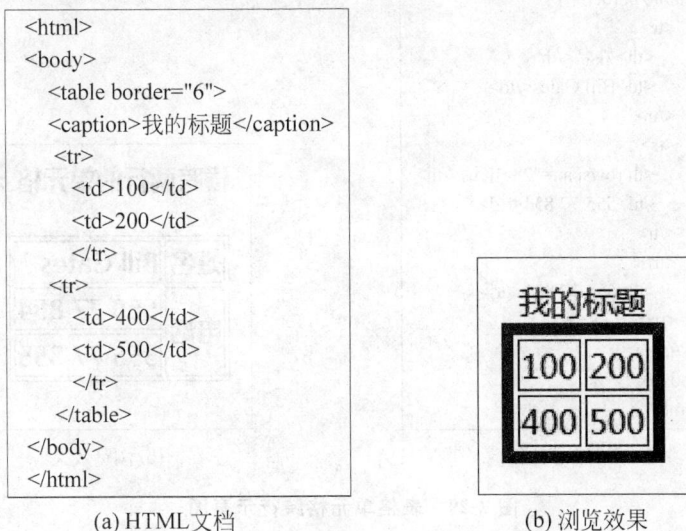

图2-27 带标题的HTML表格元素及效果

4. 跨列/跨行的表格单元格

单元格的跨列是通过设置<th>或者<td>标记中的colspan属性实现的,同样单元格的跨行是通过设置<th>或者<td>标记中的rowspan属性实现的。图2-28和图2-29分别呈现了colspan和rowspan属性的应用效果。

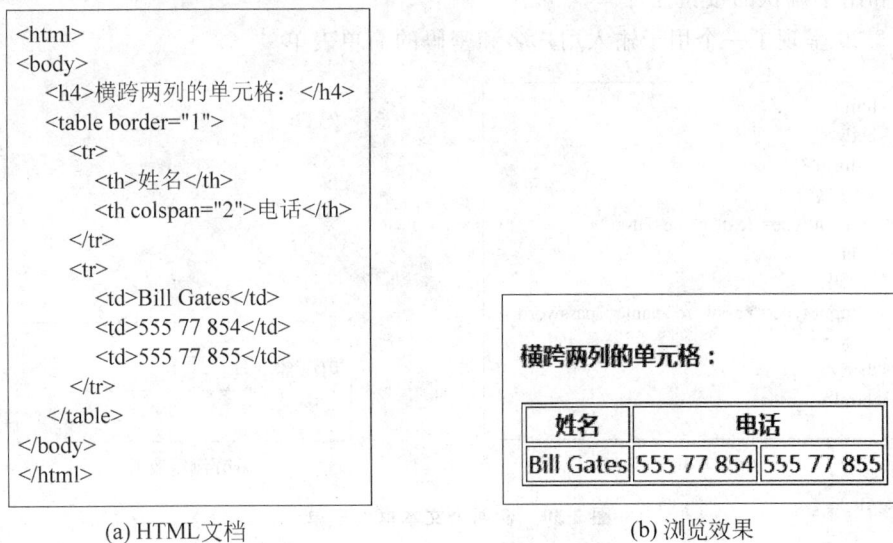

```
<html>
<body>
   <h4>横跨两列的单元格: </h4>
   <table border="1">
    <tr>
      <th>姓名</th>
      <th colspan="2">电话</th>
    </tr>
    <tr>
      <td>Bill Gates</td>
      <td>555 77 854</td>
      <td>555 77 855</td>
    </tr>
   </table>
</body>
</html>
```

(a) HTML文档

横跨两列的单元格:

姓名	电话	
Bill Gates	555 77 854	555 77 855

(b) 浏览效果

图2-28 表格单元格跨列示意图

```
<html>
<body>
  <h4>横跨两行的单元格：</h4>
  <table border="1">
    <tr>
      <th>姓名</th>
      <td>Bill Gates</td>
    </tr>
    <tr>
      <th rowspan="2">电话</th>
      <td>555 77 854</td>
    </tr>
    <tr>
      <td>555 77 855</td>
    </tr>
  </table>
</body>
</html>
```

(a) HTML文档

横跨两行的单元格：

姓名	Bill Gates
电话	555 77 854
	555 77 855

(b) 浏览效果

图 2-29　表格单元格跨行示意图

2.9　表单与输入元素

　　表单元素用来收集用户信息，帮助用户进行功能性控制；表单是实现浏览者与网站进行交互的界面，这部分功能主要由网站的后台开发者来实现。

　　构成表单的基本元素(又称控件)有：用于输入文本的文本框控件、用于选择的选项/列表类和用于确认的按钮控件。

　　图 2-30 呈现了一个用于输入用户名和密码的简单表单。

```
<html>
<body>
  <form>
用户名：
<input type="text" name="user">
<br />
密码：
<input type="password" name="password">
  </form>
</body>
</html>
```

(a) HTML文档

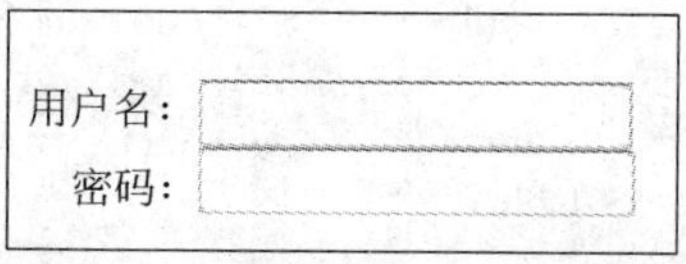

用户名：[   ]
密码：[   ]

(b) 浏览效果

图 2-30　含两个文本框的表单

2.9.1 表单元素

HTML 中用<form>标记来定义,它是一个容器,其中包含用来输入、选择和确认的其他子元素。例如,图 2-30(a)的<form>和< /form>之间含有两个用来输入的文本框元素。

2.9.2 输入元素

多数情况下包含在表单标记中的是输入标记<input>,由输入标记的 type 属性定义具有的元素类型如表 2-2 所示。

表 2-2 <input>标记 type 属性具有不同值的元素类型一览表

<input>标记	描 述
<input type="button ">	创建一个可编程的命令按钮
<input type="submit ">	创建一个 submit 按钮
<input type="reset">	创建一个 reset 按钮
<input type="text ">	创建一个输入普通文本的文本框
<input type="password ">	创建一个输入密码的文本框
<input type="file ">	创建一个上传文件的文本框
<input type="image ">	根据图像创建一个 submit 按钮
<input type="radio ">	创建一个单选按钮
<input type="checkbox ">	创建一个复选框

文本框的默认宽度是 20 个字符,可以通过 size 属性来设置其字符个数。<input>标记的另外两个常用属性如下。

(1) name 属性:用于定义 input 元素的名称。

(2) value 属性:用于确定 input 元素的初值。

当用户需要从若干给定的选项中选取其一时,就会用到单选按钮,注意同组的单选按钮,其 name 属性必须同名,可设置 checked="checked"来预选,代码如图 2-31 所示。

```
<html>
<body>
  <form>
  男性:
  <input type="radio" checked="checked"
  name="Sex" value="male" />
  <br />
  女性:
  <input    type="radio"    name="Sex"
  value="female" />
  </form>
</body>
</html>
```

(a) HTML文档   (b) 浏览效果

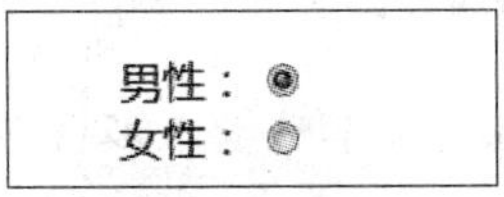

图 2-31 HTML 单选按钮及其属性效果

当用户需要从若干给定的选择中选取一个或若干选项时，就会用到复选框，同样可设置 checked＝"checked"来预选，如图 2-32 所示。

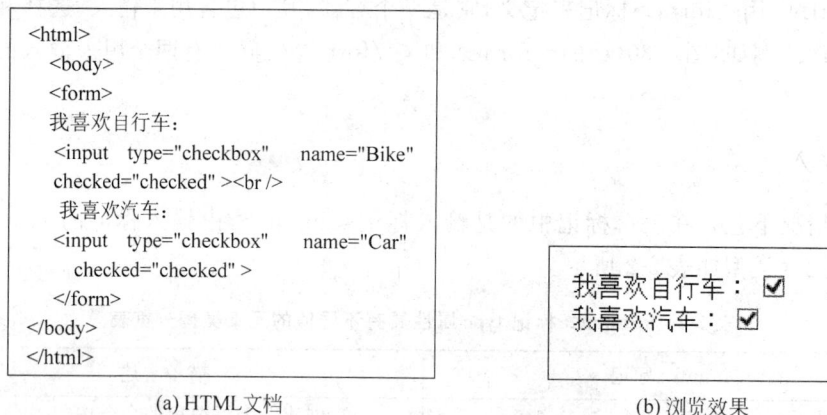

```
<html>
  <body>
  <form>
  我喜欢自行车:
  <input  type="checkbox"   name="Bike"
  checked="checked" ><br />
   我喜欢汽车:
  <input   type="checkbox"    name="Car"
    checked="checked" >
    </form>
</body>
</html>
```

(a) HTML文档

```
我喜欢自行车： ☑
我喜欢汽车：  ☑
```

(b) 浏览效果

图 2-32　HTML 复选框及其属性效果

图 2-33 显示了 type 属性为 reset 的 input 元素，即复位按钮的代码和效果，单击 reset 按钮即可清除文本框中输入的内容。

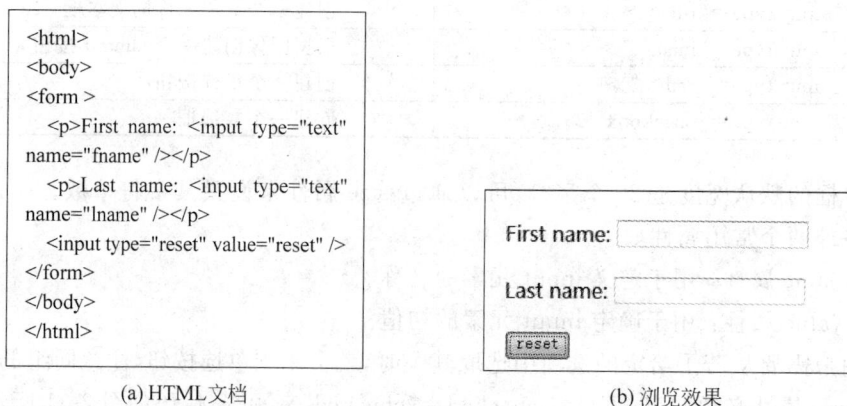

```
<html>
<body>
<form >
  <p>First name: <input type="text"
name="fname" /></p>
  <p>Last  name: <input type="text"
name="lname" /></p>
  <input type="reset" value="reset" />
</form>
</body>
</html>
```

(a) HTML文档

```
First name: [          ]

Last name: [          ]

[ reset ]
```

(b) 浏览效果

图 2-33　HTML 的 reset 按钮及其属性效果

2.9.3　列表框元素

HTML 的列表框元素用＜select＞标记来定义，在＜select＞和＜/select＞之间用＜option＞来定义各个列表项，通过设置＜option＞标记中的 selected 属性来设置预选项。图 2-34 说明了列表框元素及其显示效果。

2.9.4　多行文本框

若需要通过文本框输入多行内容，可使用多行文本框＜textarea＞标记，它通过属性 rows 和 cols 来确定文本框的行数和每行的字符数。图 2-35 说明了多行文本框元素及其显示效果。

```
<html>
<body>
  <form>
  <select name="cars">
  <option value="saab" >Saab</option>
  <option value="Volvo" selected=" "selected">
  Volvo</option>
  <option value="fiat">Fiat</option>
  <option value="audi">Audi</option>
  </select>
  </form>
</body>
</html>
```

(a) 带<select>标记的HTML文档   (b) 浏览效果

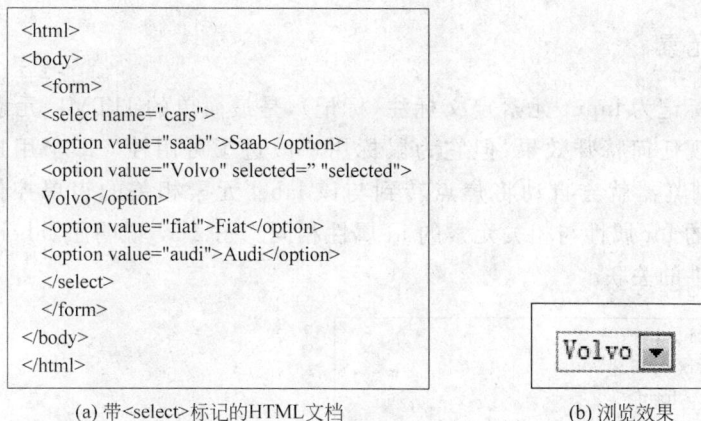

图 2-34   HTML 的列表框元素及浏览效果

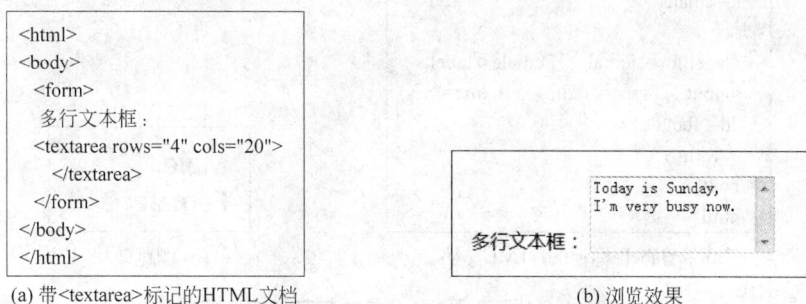

```
<html>
<body>
  <form>
  多行文本框:
  <textarea rows="4" cols="20">
    </textarea>
  </form>
</body>
</html>
```

(a) 带<textarea>标记的HTML文档   (b) 浏览效果

图 2-35   HTML 的多行文本框元素及浏览效果

2.9.5   fieldset 元素

fieldset 元素和 legend 元素一般配合使用产生一个带标题的框,框标题在<legend>标记和</legend>标记之间定义。图 2-36 说明了 fieldset 元素及其显示效果。

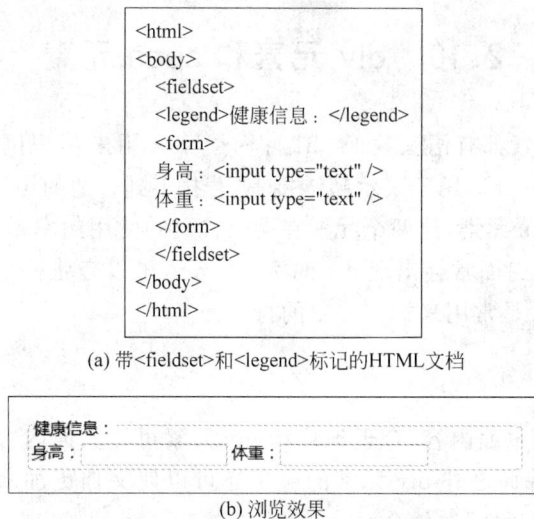

```
<html>
<body>
  <fieldset>
  <legend>健康信息: </legend>
  <form>
  身高: <input type="text" />
  体重: <input type="text" />
  </form>
  </fieldset>
</body>
</html>
```

(a) 带<fieldset>和<legend>标记的HTML文档

(b) 浏览效果

图 2-36   HTML 的 fieldset 元素及浏览效果

2.9.6   标签元素

<label>标记为 input 元素定义标注（标记），是最简单的 HTML 元素。label 元素不会向用户呈现任何特殊效果，但它为鼠标用户改进了可用性。即当用户将鼠标移至 label 元素时，浏览器就会自动将焦点转到与该 label 元素相关的表单控件上。前提是 <label> 标记的 for 属性与相关元素的 id 属性相同。图 2-37 说明了 label 元素通过 for 属性与其他控件的关联。

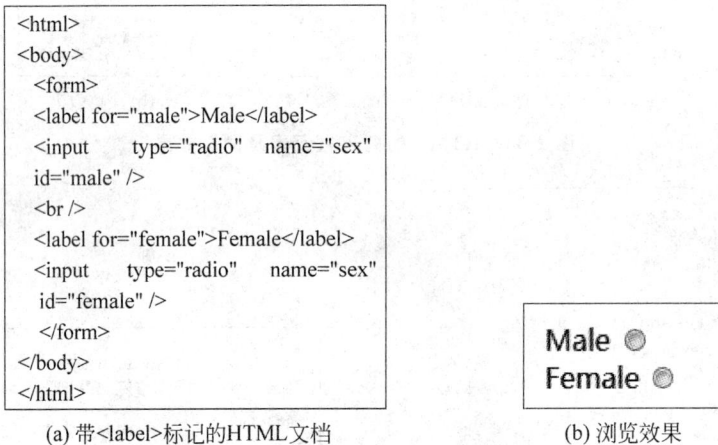

```
<html>
<body>
 <form>
 <label for="male">Male</label>
 <input   type="radio"   name="sex"
 id="male" />
 <br />
 <label for="female">Female</label>
 <input   type="radio"   name="sex"
 id="female" />
 </form>
</body>
</html>
```

(a) 带<label>标记的HTML文档   (b) 浏览效果

图 2-37   label 元素通过 for 属性与其他控件的关联

<form>元素是块级元素，而诸如文本框、复选框、单选按钮、提交按钮等 input 元素以及 textarea、fieldset 和 label 元素都是行内元素。本小节只是从标签的角度了解表单元素，如何应用和激活这些控件以真正实现表单的数据提取和交互功能需要编写脚本程序，相关的知识请查阅其他资料。

2.10   div 元素和 span 元素

每个 XHTML 元素都有语义，如<h1>～<h6>用来标识网页文档的各级标题、<p>用于标识段落和<a>用于表示超链接等，若找不到合适的用于描述内容的标签时，就可使用 div 或者 span 元素，这两个元素在网页代码的使用频率是比较高的，特别是 div 元素，以至很多资料的封面常会出现 div 的字眼。div，可以夸张一点地说，它是一个可包容一切的块元素，span 是常用来标识文字的行内元素。

2.10.1   div 元素

div 元素用于组织页面内容，合理地应用 div 元素可让页面内容在逻辑上更加清晰，使得文档井井有条；除此之外 div 元素的应用还可以使文档更加易于应用样式，这点随着后续章节的学习会有很深的体会。

下面以图 2-38 所示的页面来说明 div 是如何组织页面元素的,绝大多数页面都包含页眉区、内容区和页脚区这三个部分。

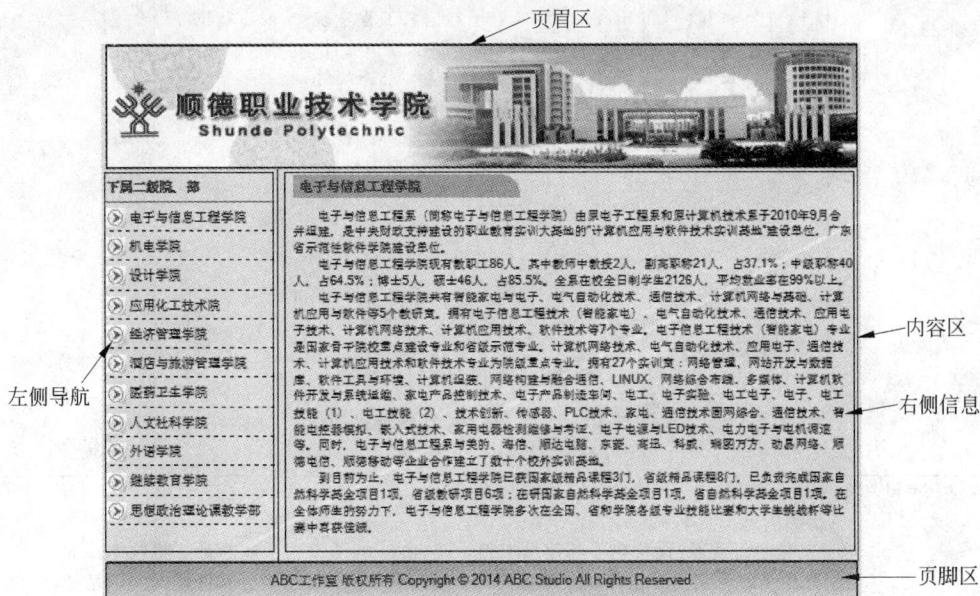

图 2-38 页面构成图

(1) 页眉区:根据图 2-38 的效果,其中的元素可以是一幅图片或者 h2 标题,从提高页面在搜索引擎中排名的角度来看,选择 h2 标题,并且用一个 div 来组织这个 h2 标题,使之形成一个相对独立的区域(也便于页面的改版),所以页眉区参考的 XHTML 代码如图 2-39 所示,其中的 id 属性用于以后添加 CSS 样式。

```
<div id="header">   <!--页眉区开始 -->
    <h2><a href="＃">顺德职业技术学院</a></h2>
</div>   <!--页眉区结束 -->
```

图 2-39 页眉区的参考代码

(2) 内容区:该区又细分为左侧导航和右侧信息两部分。

① 左侧导航部分:可用一个 p 元素和 ul 元素来标识内容,然后用一个 div 元素组织这两个元素形成一个相对独立的区域,左侧导航区参考的 XHTML 代码如图 2-40 所示。

② 右侧信息部分:可用一个 h3 元素和 4 个 p 元素来标识内容,然后用一个 div 元素组织这些元素形成一个相对独立的区域,右侧信息区参考的 XHTML 代码如图 2-41 所示。

③ 内容区:用一个 div 组织左侧导航和右侧信息这两部分形成页面的内容区,参考的 XHTML 代码如图 2-42 所示。

```
<div id="sider">    <!--左侧导航区开始 -->
    <p>下属二级院、部</p>
    <ul>
    <li> <a href="#">电子与信息工程学院</a></li>
    <li><a href="#">机电学院</a></li>
    <li> <a href="#">设计学院</a></li>
    <li><a href="#">应用化工技术学院</a></li>
    <li><a href="#">经济管理学院</a></li>
    <li><a href="#">酒店与旅游管理学院</a></li>
    <li><a href="#">医药卫生学院</a></li>
    <li><a href="#">人文社科学院</a></li>
    <li><a href="#">外语学院</a></li>
    <li><a href="#">继续教育学院</a></li>
    <li><a href="#">思想政治理论课教学部</a></li>
    </ul>
</div>    <!--左侧导航区结束 -->
```

图 2-40　左侧导航区的参考代码

```
<div id="content">    <!--右侧信息区开始 -->
    <h3>电子与信息工程学院</h3>
    <p>电子与信息工程系(简称电子与信息工程学院)由原电子工程系和原计算机技术系于 2010 年
9 月合并组建,是中央财政支持建设的职业教育实训大基地的"计算机应用与软件技术实训基地"建设单
位,广东省示范性软件学院建设单位。</p>
    <p>电子与信息工程学院现有教职工 86 人……平均就业率在 99％以上。</p>
    <p>电子与信息工程学院共有智能家电与电子……顺德移动等企业合作建立了数十个校外实训基
地。</p>
    <p>到目前为止,电子与信息工程学院已获国家级精品课程 3 门……多次在全国、省和学院各级专
业技能比赛和大学生挑战杯等比赛中喜获佳绩。</p>
</div>    <!--右侧信息区结束 -->
```

图 2-41　右侧信息区的参考代码

```
<div id="main">    <!--内容区开始 -->
    <div id="sider">  <!--左侧导航区开始 -->
        <p>下属二级院、部</p>
        <ul>…</ul>
    </div>    <!--左侧导航区结束 -->
    <div id="content">    <!--右侧信息区开始 -->
    <h3>电子与信息工程学院</h3>
    <p>…</p>
    <p>…</p>
    <p>…</p>
    <p>…</p>
    </div>    <!--右侧信息区结束 -->
</div>    <!--内容区结束 -->
```

图 2-42　内容区参考代码

(3) 页脚区:该区选择一个 p 元素,并用一个 div 来组织这个 p 元素,形成一个相对
独立的区域,所以页脚区参考的 XHTML 代码如图 2-43 所示。

```
<div id="footer">　<!--页脚区结束 -->
    <p>ABC 工作室 版权所有　Copyright &copy; 2014　ABC Studio All
    Rights Reserved.
    </p>
</div>　<!--页脚区结束 -->
```

图 2-43　页脚区参考代码

至此图 2-38 所示页面的代码编写完毕,但在实际应用中为了便于控制页面的整体宽度和对齐,也为了更简洁地"书写"页面的 CSS,通常将页面看成一个 div,即再用一个 div 元素来组织页眉区、内容区和页脚区使之形成一个页面整体,页面的参考代码如图 2-44 所示。

```
<div id="wrapper">　<!--页面开始 -->
    <div id="header">　<!--页眉区开始 -->
        <h2><a href="#">顺德职业技术学院</a></h2>
    </div>　<!--页眉区结束 -->
    <div id="main">　<!--内容区开始 -->
        <div id="sider"><!--左侧导航区开始 -->
        <p>下属二级院、部</p>
        <ul>...</ul>
    </div>　<!--左侧导航区结束 -->
        <div id="content">　<!--右侧信息区开始 -->
        <h3>电子与信息工程学院</h3>
        <p>...</p>
        <p>...</p>
        </div>　<!--右侧信息区结束 -->
    </div>　<!--内容区结束 -->
    <div id="footer">　<!--页脚区结束 -->
        <p>ABC 工作室 版权所有　...</p>
    </div>　<!--页脚区结束 -->
</div>　<!--页面结束 -->
```

图 2-44　页面参考代码

基于图 2-44 页面代码的组织结构图如图 2-45 所示。

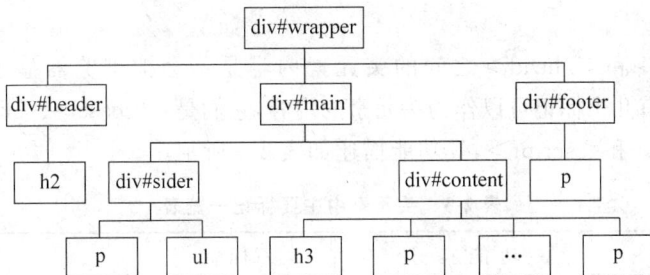

图 2-45　页面代码的组织结构图

需要说明的是:应避免过度使用 div 元素,适量而合理的使用可明显增强文档的结构性。

2.10.2 span 元素

当网页中的某些文字采用<h1>~</h6>、<p>、<ul>、<ol>、<dl>或<a>等标记都不合适时,可考虑采用 span 元素,span 元素是一个行内元素,所以和之间(即 span 元素的内容)只能是文字或其他的行内元素。

使用 span 元素时常常需要属性 id 或者 class 的配合来确定其位置以方便为其设置 CSS 样式(这部分内容将在下一章中学习),这里只需了解 span 元素的功能,即 span 元素可以非常灵活地用于组织或者标识局部的文本块,而且常常需要添加 id 或者 class 属性,如图 2-46 中的文本"inevitable"和"optional"就可以利用 span 标记和其属性 class 的配合来实现不同的表现效果(如何利用 CSS 实现表现效果将在下一章中学习)。

```
<body>
    <p> Pain is <span class="f1">inevitable</span>
    Suffering is  <span class="f2">optional </span>
    </p>
</body>
```

图 2-46　用 span 来标识局部的文本块

2.11 头 元 素

头元素是 HTML 文档的重要组成部分,主要定义关于文档的概要信息,它是由<head>标记定义的,一个完整的 HTML 文档结果如下。

```
<html>
  <head>
    <!-- 定义关于文档的概要信息-->
  </head>
  <body>
    <!-- 显示网页的正文-->
  </body>
</html>
```

介于<head>和</head>之间的头元素内容是不会被浏览器显示出来的。根据 HTML 标准,仅有几个标记可以作为头元素的内容,它们是:<base>、<link>、<meta>、<title>、<style>和<script>,其功能描述如表 2-3 所示。

表 2-3　头元素中主要标记一览表

标　记	功能描述	标　记	功能描述
<title>	定义文档标题	<style>	定义样式
<link>	定义资源引用	<script>	定义脚本
<meta>	定义元信息		

说明：本节将学习<title>、<meta>、<link>和<style>标记,<script>标记在后续相关的专业课程中学习,有兴趣的同学可自行查阅资料。

1. 文档标题元素 title

title 元素的内容出现在显示页面顶部的标题栏中或收藏页面的默认名称,具体内容应以精练概述网页的内容,而不是泛泛的欢迎词语,更不可或缺,因为搜索引擎对 title 元素中包含的关键词特别感兴趣,好的 title 元素内容可提高页面在搜索引擎中的排名,所以网站中的每个页面都应有一个唯一的 title 元素。

2. 元元素 meta

元元素提供有关页面的元信息(meta-information),如针对搜索引擎的关键词和文档描述等,由<meta>来定义。

元元素是一个没有元素内容的空元素,它由<meta>标记的属性定义了与文档相关联的名称/值对,其常见属性如表 2-4 所示。

表 2-4　元元素常见属性一览表

属　　性	值	描　　述
http-equiv	content-type expires	把 content 属性关联到 HTTP 头部
name	author description keywords copyright	把 content 属性关联到一个名称
content	some_text	定义与 http-equiv 或 name 属性相关的元信息

说明：

(1) http-equiv 属性用于指示服务器在发送实际的文档之前要传送给浏览器的 MIME 文档头部包含名称/值对。

例 2-1　按照 XHTML 规则,每个网页中服务器都应告诉浏览器准备接受的 HTML 文档类型以及文档中所采用的字符编码,对应的名称/值对是: content-type: text/html,与之对应的 meta 标记为:

<meta http-equiv="content-type " content="text/html;charset=gb2312 " />

例 2-2　服务器要告诉浏览器页面缓存的过期时间或者网页的有效期限到 2014 年 12 月 31 日,对应的名称/值对是: expires: 31 Dec 2014,与之对应的 meta 标记为:

<meta http-equiv="expires" content="31 Dec 2014">

上述两例说明了 content 属性的属性值应与 http-equiv 属性的属性值相关联。

(2) name 属性: 用于定义与源文档有意义的名称,其属性值也是与 content 属性的属性值相关联的。

例 2-3　定义网页关键字,对应的名称/值对是:keywords:关键词列表。所提供的关键词是供搜索引擎分类网页使用的,关键词是最能反映网站主题而贴合受众,有助于网站被搜索到的词语列表,具体关键词的定义和优化是网站运维的重要内容,可参考相关专业资源。网页中引入关键词是采用 meta 标记实现的,关键词之间用英文逗号隔开,定义凤凰网的关键词对应的 meta 标记为:

＜meta content="凤凰,凤凰网,凤凰新媒体,凤凰卫视,凤凰卫视中文台,资讯台,电影台,欧洲台,美洲台,凤凰周刊, phoenix phoenixtv" name="keywords" /＞

例 2-4　定义网页的描述,对应的名称/值对是:description:网页描述。网页描述有助于提升网页的排名,网页描述也是网站运维的一个方面,网页描述中要尽可能多地出现关键词。网页中对网页的描述是采用 meta 标记实现的,描述凤凰网 meta 标记为:

＜meta name="description" content="凤凰网是中国领先的综合门户网站,提供含文图音视频的全方位综合新闻资讯、深度访谈、观点评论、财经产品、互动应用、分享社区等服务,同时与凤凰无线、凤凰宽频形成三屏联动,为全球主流华人提供互联网、无线通信、电视网三网融合无缝衔接的新媒体优质体验." /＞

例 2-5　定义网页的作者,如:

＜meta name="author" content="凤凰网" /＞

例 2-6　定义网页的版权,如:

＜ meta name = " copyright " content = " Copyright 1999-2008. www. ifeng. com . All Rights Reserved." /＞

网页标题 title、关键词 keywords 和网页描述 description 有网页的三要素之称。它们虽然不显示在网页正文中,却可以提升网站的排名,在早期的 Internet 时代,这些要素被看作提高网站排名的秘密武器,所以给网站的每个网页添加这些内容是很有必要的。

3. 连接元素＜link＞

利用＜link＞元素在当前文档和外部文档之间建立连接,如利用＜link＞元素在当前页面文档中引入一个名为 index. css 的外部样式表文件,可在＜head＞和＜/head＞之间添加以下代码:

＜link href="index.css " rel="stylesheet " type="text/css" /＞

其中:

href="index. css "表示连接的外部文件。

rel="stylesheet "表示关系是样式表。

type="text/css"表示外部文档类型是 css 文件。

以上是＜link＞元素最常见的用法,也是实现内容与表现分离的关键语句,这在后面的章节会系统学习。

4. 样式元素 style

利用<style>元素在页面中嵌入样式,是调试样式的一种手段,调试后最好还是将样式以独立的文件保存以最大限度地实现内容和表现的分离。

本章介绍了用于标识页面内容的 XHTML 主要元素,对于 XHTML 元素应有如下两个方面的认识:一是在对文档使用 CSS 之前,首先要确保页面是以结构化的方式编写的,即依据内容的结构(语义)而不是内容的表现来选择 XHTML 标记;二是根据 XHTML 元素是否在新的一行中开始可分为块元素(如<h1>~<h6>、<p>、<ul>、<ol>、<dl>、<form>和<div>等)和行内元素(如<a>、<img>、<span>和<input>等),因为块元素和行内元素是影响布局的重要因素。

本章中还引入了"站点"这个术语,它是一种管理站内资源的机制,网站的设计、制作、维护都离不开它;最后在介绍头元素<head>时,着重提及了网页的三要素(网页标题、关键词和网页描述),任何网页都少不了这几个要素。

页面内容标记完成后就为下一章将要学习的 CSS 准备好加工的素材了。

自 主 训 练

练习 2-1:尝试利用"记事本"创建自己的第一个网页,具体要求如下。

(1) 利用记事本创建一个自己的页面,文件名为 ex2-1. html,要求正文中含一个一级标题和两个内容相关的段落。

(2) 粘贴素材"ex2\1. txt"中的代码片段,将 ex2-1. html 变成具有 XHTML 规则的页面代码。

练习 2-2:区分 HTML 元素、元素内容和元素属性。具体要求如下。

(1) 根据<h2 id="head2">This is a heading</h2>,完成以下填空。

h2 的元素内容:_____。

h2 的属性名和属性值分别是:_____。

(2) 下面选项中正确嵌套的是:_____。

① <p>由中国烹协、<em>顺德职业技术学院</em>共同组建的中国烹饪学院成立大会…</p>

② <p>由中国烹协、<em>顺德职业技术学院共同组建的中国烹饪学院成立大会…</p></em>

(3) 对照素材"ex2\2. html"的代码(用记事本查看页面代码)和显示效果,完成填空。

页面中的块标记有:_____。

页面中的行标记有:_____。

包含嵌套的标记有:_____。

练习 2-3:体验标题元素、段落元素和
等元素的应用。

(1) 补充表 2-5 中各标记的功能描述。

表 2-5　标记的功能描述

标　　记	功 能 描 述
＜p＞	
＜br/＞	
＜h1＞	

（2）利用记事本打开素材"ex2\3.html"，按图 2-47 所示的浏览效果编写（不要考虑居中的效果）HTML 代码，要求如下。

① 代码中只能使用一组＜p＞标记。

② 代码中添加两处注释。

③ 格式良好，即用到的每个标记都要闭合。

练习 2-4：体验列表元素。

（1）填写表 2-6 中各标记的功能描述。

表 2-6　列表元素的功能描述

标　　记	功 能 描 述
＜ol＞	
＜ul＞	
＜li＞	
＜dl＞	
＜dt＞	
＜dd＞	

（2）利用记事本打开素材"ex2\4.html"，利用＜dt＞、＜ul＞和＜ol＞标记编写实现如图 2-48 所示效果的代码。

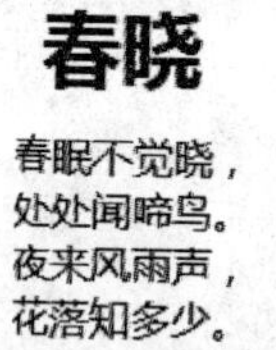

春晓

春眠不觉晓，
处处闻啼鸟。
夜来风雨声，
花落知多少。

图 2-47　浏览效果

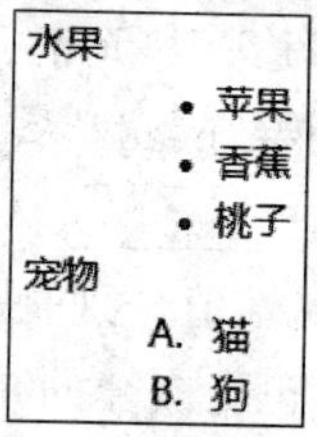

水果
- 苹果
- 香蕉
- 桃子

宠物
A. 猫
B. 狗

图 2-48　浏览效果

提示：编号 A 和 B 可以给标记＜ol＞添加属性 style＝"list-style-type:upper-alpha;"。

练习 2-5：体验图像元素。

（1）补充表 2-7 中各属性的功能描述。

表 2-7　图像元素属性的功能描述

属　　性	功 能 描 述
alt	
src	
width	

（2）了解网站中图片的规格。

① 浏览经常光顾的 3 个网站首页，按图片的尺寸，从中找出大、中、小三张图片，完成表 2-8。

表 2-8　图片规格

网站名称	大图片尺寸及类型	中图片尺寸及类型	小图片尺寸及类型	最小文件 kB	最大文件 kB

② 对比平时所拍照图片文件的大小，若放到网上发布，该如何处理？

（3）利用记事本打开素材"ex2\5.htm"，利用<h1>、<p>、<ul>和<img>标记编写一个网页，以"移动应用开发"为主题，组织两段相关的文字、相关的列表和两张相关图片。

练习 2-5：体验超链接<a>元素。

（1）补充表 2-9 中各属性的功能描述。

表 2-9　<a>元素属性的功能描述

属　　性	功　能　描　述
href	
id	
title	

（2）基于素材文件夹"ex2\ex2_6"创建一个名为"练习 2-6"的站点，给首页、页面 1 和页面 2 相对应的页面文件 index.html、p1.html、p2.html 中相关的内容添加<a>标记，各页面的浏览效果如图 2-49 所示，并实现相应的链接功能。

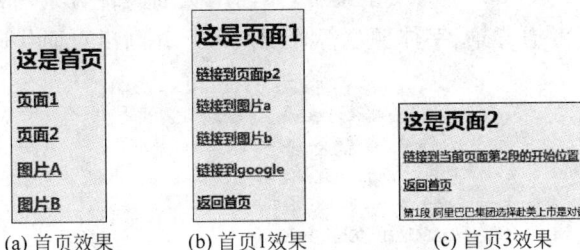

(a) 首页效果　　(b) 首页1效果　　(c) 首页3效果

图 2-49　练习 2-6 中各页面的浏览效果

练习 2-6：体验表格元素。

（1）补充表 2-10 中各标记的功能描述。

表 2-10　表格元素的功能描述

表　　格	功　能　描　述
<table>	
<caption>	
<th>	
<tr>	
<td>	

（2）编写如图 2-50 所示的表格的 HTML 代码。

个人信息表

姓名		出生年月		
性别		籍贯		相片
通信地址				
E-mail				

图 2-50　表格

练习 2-7：了解各表单元素的标签。

完成表 2-11 中各个标记的功能描述。

表 2-11　表单元素的功能描述

标　记	功　能　描　述
<form>	
<input>	
<textarea>	
<fieldset>	
<label>	
<legend>	
<select>	
<option>	

练习 2-8：体验用 div 元素来组织页面内容。

基于"ex2\练习 2-9.doc"中的文字素材，用两个页面文件分别写出图 2-51 和图 2-52 的 XHTML 代码（不考虑背景、字体颜色等外观效果），并画出页面代码的组织结构图。

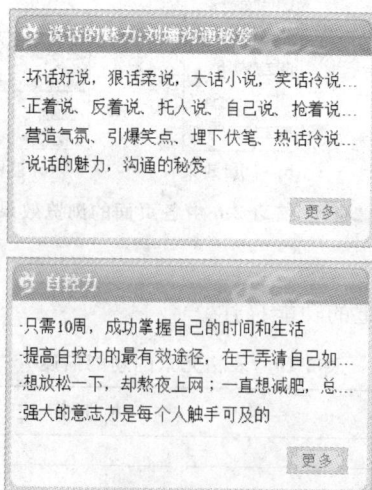

图 2-51　页面 1 效果

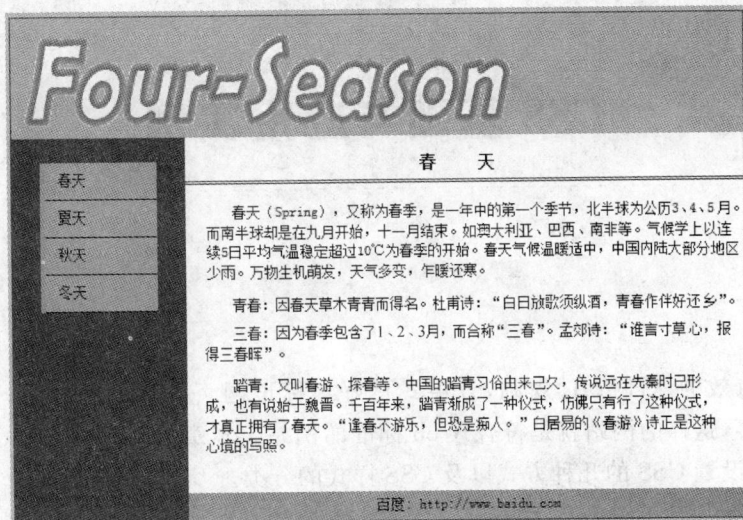

图 2-52 页面 2 效果

练习 2-9：体验头元素。

（1）访问 3 个常光顾的网站首页，通过查看源代码（右击，选择"查看源"命令），完成表 2-12。

表 2-12 头元素

网站名称	title	关键词 （keywords）	页面描述 （description）	三要素之间的 关联程度（高/中/低）

（2）自己拟设一个网页主题，围绕这个主题设定关于这个主题网页的 title、keywords 和 description，并利用本章所学的元素标记组织页面内容。

第 3 章

CSS 基础与应用实例

在基于有效的 XHTML 规则，且格式良好地标记网页内容的基础上，采用有效的
CSS 呈现内容，这样的网站就是符合 Web 标准的网站。本章主要介绍 CSS、CSS 的基本
语法、页面中设置 CSS 的几种方式以及 CSS 样式的分类。

3.1　CSS 概述

CSS 是 Cascading Style Sheet 层叠样式表的缩写，是由 W3C 定义和维护的标准，它
是一种用来给结构化文档（如 HTML、XHTML 和 XML 等）添加样式的计算机语言。
CSS 有层叠和样式表两层含义，其中样式表比较好理解，就是包含许多样式的文本文件
（其扩展名为 CSS），而样式是给结构化的标记（可理解为上一章所学习的各种 XHTML
标记）定义表现形式，如文字效果、边框、背景和位置等；对于层叠，由于 XHTML 文档是
一种层次结构（如大部分标记中可包含其他标记），当有多个样式指向同一元素时，该元素
的最终效果由针对性最强的样式决定，这就是所谓层叠规则，具体在后续的章节中介绍。

CSS 1 是 W3C 于 1996 年 12 月推出的，由于早期浏览器对 CSS 的支持不理想，使得
CSS 备受冷落。随着 2000 年年底 W3C 推荐标准 HTML 4.01 或 XHTML 1.0 的发布，
其所倡导的"内容与表现分离"的理念逐步被业界认可，以及 2007 年 7 月发布的 CSS 2.1
获得大多数主流浏览器的良好支持，CSS 才重新焕发生机，并迅速流行起来，成为 Web 页
面设计的新标准，目前 CSS 3 是最新的版本。

3.1.1　CSS 的基本语法

CSS 是给 Web 页的页面元素设置表现样式的 W3C 标准，一条 CSS 规则包含选择符
和样式声明（列表）两部分，其中每条样式声明又包含属性和属性
值两部分。其通用语法格式是：

选择符{样式声明列表}

其中样式声明列表由一组或者多组诸如"属性：属性值；"的
样式声明构成。如 p{color:blue;}就是让文档中的所有段落文
本为蓝色，可用如图 3-1 所示的对应关系来具体化。

一条 CSS 规则可以包含多条样式声明，如想要"页面中所有

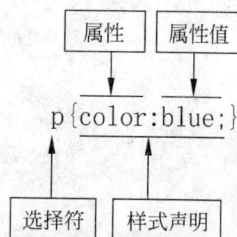

图 3-1　CSS 规则示意图

段落文本颜色是蓝色,字体大小是 15px,首行缩进 2 个字符",那么实现这种表现形式的CSS 规则为:

```
p{
    color:blue;
    font-size:15px;
    text-indent:2em;
}
```

CSS 规则中的选择符用于指定样式施加的对象,或者说样式的受体。正因为有了多种选择符才可以定位到页面中的任意位置,实现表现与内容的分离,否则只能使用行内的CSS,理解和灵活使用选择符是理解 CSS 的核心内容。

样式声明(列表)则是明确应用规则后会呈现的效果,或者说受体的表现形式,每条声明的属性和属性值之间用英文的冒号隔开,而每条声明之间用英文的分号隔开。

属性是用来确定要改变元素的哪一个方面(如边框、颜色、背景等),每个元素都有很多通过 CSS 设置的属性,这些属性根据元素而不同,如可以给段落元素设置文本的 color和 font-size 属性,但是不能给图像元素设置这些属性。

属性值则是设置属性是多少或者怎么样,CSS 规则中的属性值可分为以下 3 类。

1. 单词

如{float:left; position:absolute;color:red;}CSS 规则中的"left"、"absolute"和"red"就是属性值是单词的情形,如果一个属性对应的属性值是单词,那么这些属性值是 CSS标准预先规定好的,只能从现有的选项中按需选取,不能自定义。

2. 数字值

数字值用于定义元素的宽度、高度或者粗细。实际中根据需要,有时使用绝对值,单位一般是像素 px(如 width:600px;);有时使用相对值,单位可以是%(如 width:50%;表示宽度是父元素的一半)或者 em(如 text-indent:2em;表示文本缩进 2 个字符的宽度),这里 em 是与字体大小有关的度量单位,其计算依据是一种字体的字符宽度,也就是说,em 的大小依据使用字体的不同而不同。

与字体大小相关的度量单位还有 ex,ex 是指给定字体小写字母 x 的高度。

3. 颜色值

在 CSS 中,经常使用颜色值来指定文本颜色、背景颜色和边框颜色。颜色值可采用诸如"red"、"blue"等表示颜色名的单词,但是这有很大的局限性,因为 W3C 标准只规定了16 中颜色名(aqua、black、blue、fuchsia、gray、green、lime、maroon、navy、olive、purple、red、silver、teal、white、yellow),而且同一个颜色名的浏览效果还会因浏览器的不同而有些许差异。

由于计算机/电视等显示屏是采用 RGB 的颜色模式,即颜色由红色 Red、绿色 Green和蓝色 Blue 这三原色混合而成(所有颜色混合是白色,去掉所有颜色即为黑色),实际中常使用以#开头的十六进制定义的颜色值#RRGGBB,每种颜色 RR、GG、BB 均由 8 位的二进制数来描述,其取值范围是 0~255,其中 0 对应的十六进制表示为:#00,255 对

应的十六进制表示为：♯FF；或者用 rgb(R,G,B)表示颜色值,这里 R、G、B 的取值范围
是 0~255。如红色可以是"♯ff0000"、"♯FF0000"、"rgb(255,0,0)"或者"RGB(255,0,0)",
表 3-1 表示白色、黑色、三原色和三次色(由三原色中相邻两种颜色合成的颜色,共三种,
分别为黄色 yellow、水绿 aqua 和紫色 purple)颜色值的几种表示方式。

表 3-1　颜色值的几种表示方式

颜色	♯RRGGBB	rgb(R,G,B)	单　词
黑色	♯000000	rgb(0,0,0)	black
红色	♯FF0000	rgb(255,0,0)	red
绿色	♯00FF00	rgb(0,255,0)	green
蓝色	♯0000FF	rgb(0,0,255)	blue
黄色	♯FFFF00	rgb(255,255,0)	yellow
水绿	♯00FFFF	rgb(0,255,255)	aqua
紫色	♯FF00FF	rgb(255,0,255)	purple
白色	♯FFFFFF	rgb(255,255,255)	white

需要说明的是：当用♯RRGGBB 表示颜色值时,如果满足第 1 位与第 2 位相等、第 3 位
与第 4 位相等、第 5 位与第 6 位相等这三个条件,可缩写成 3 位,如"♯FF0000"、
"♯9988CC"可分别简写为"♯F00"、"♯98C"。当使用 Adobe Dreamweaver 工具制作网
页时,利用其提供的智能工具选取颜色时,会弹出如图 3-2

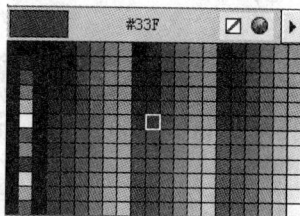

所示的 Web 安全色面板,其特点是颜色值中只使用了 0、3、
6、9、C 和 F 这 6 个数字或字母,而且都采取诸如"♯33F"这
样的三位缩写形式,这就是所谓的 Web 安全色(共 216 种
颜色),考虑到现在的显示设备,颜色的选取完全不受这种
Web 安全色的限制,可以在设计中应用任何颜色,关于配
色方面的知识请参阅其他相关文档。

图 3-2　Web 安全色面板

3.1.2　标签选择符和组选择符

标签选择符和组选择符的介绍利用素材"ch3\exp3_1.html"来辅助,图 3-3 是素材文
件的代码片段。

```
<html>
<body>
  <h1>第 1 个标题 </h1>
  <p>第 1 个段落  </p>
  <p>第 2 个段落  </p>
  <h2>第 2 个标题 </h2>
  <p>第 3 个段落  </p>
</body>
</html>
```

图 3-3　素材的代码片段

(1) 体会浏览器对各个 HTML 元素都有默认的样式(可比较 IE 和 Firefox 的浏览
效果)。

查看素材"ch3\exp3_1.html"的浏览效果,留意浏览器对标题和段落默认的字体颜

色、大小、对齐和间距等样式。

（2）利用自定义 CSS 指定元素的样式。

例 3-1 素材"ch3\exp3_1.html"，将页面中 3 个段落的文本颜色设置为红色，第 1 个、第 2 个标题的颜色为蓝色。

对应的 CSS 语句是：

```
p{color:red;}
h1,h2{color:blue;}
```

（3）在页面中利用嵌入式引入 CSS。要使设置好的 CSS 发挥作用，需要将上述两条 CSS 语句引入页面中，引入的方式有多种，若这两条语句以独立的 CSS 文件存在，则需要在<head>标记中利用<link>标记引入，这是最常采用的方式，将在本章后续的内容中学习；若这两条语句直接放在页面文件中（即与 HTML 元素在同一个文件），则需要在<head>标记中利用<style>标记带入，这就是所谓的嵌入式引入 CSS，具体如图 3-4（b）所示。

```
...
<h1>第 1 个标题 </h1>
<p>第 1 个段落 </p>
<p>第 2 个段落 </p>
<h2>第 2 个标题 </h2>
<p>第 3 个段落 </p>
...
```
（a）位于<body>之内的页面代码

```
<html>
  <head>
  ...
    <style type="text/CSS">
    p{color:red;}
    h1,h2{color:blue;}
</style>
  </head>
  <body>
  ...
  </body>
```
（b）在<head>之内嵌入 CSS

图 3-4　在页面中采用嵌入式 CSS

浏览在素材"ch3\exp3_1.html"嵌入了 CSS 样式的网页，体会 CSS 对页面效果的影响，在这一过程中，用到了标签选择符和组选择符。

① 标签选择符。标签选择符是利用标签设置样式，其形式是：标签名{样式表}，如"p{color:red;}"就是利用 p 作为选择符，实现所有 p 标记中的文本颜色是红色的样式效果。

② 组选择符。当不同的标记具有相同的样式需要时，可采用组选择符将这些标记看成一组，每个标记可看成组成员，组成员之间用英文逗号隔开，如"h1,h2{color:blue;}"的 CSS 规则实现了标题 h1 和 h2 的文本颜色均为红色的样式效果，它等价于以下两条 CSS 规则：

```
h1{color:blue;}
h2{color:blue;}
```

组选择符中的组成员可以是标记、后面即将学习的 id 选择符、class 选择符、伪类或者伪元素等。

3.1.3　相邻选择符、id选择符和类选择符

例 3-2　基于素材"ch3\exp3_2.html",将 HTML 代码片段第 3 个段落的字体颜色设置为绿色。

该例要求更细化,可采用以下几种方式实现。

方式 1:h2+p{color:green;}

方式 2:给元素添加 id 属性定位。

(1) 给第 3 个<p>添加 id 属性,即<p id="p3">第 3 个段落 </p>。

(2) 添加 CSS 规则:p♯p3{color:green;}

方式 3:给元素添加 class 属性定位。

(1) 给第 3 个<p>添加 class 属性,即<p class="pg">第 3 个段落 </p>。

(2) 添加 CSS 规则:p.pg{color:green;}

为了依次单独测试以上三种方式,可利用 CSS 语法注释语句的语法,即"/＊被注释的 CSS 样式＊/"。如图 3-5 所示的 CSS 片段,两条被注释的 CSS 样式就不起作用了。在编写 CSS 样式时,不管是调试还是加强代码可读性会经常用到代码的注释(注意,要区分注释 HTML 代码的"<!--被注释的 HTML 代码-->")。

```
<html>
  <head>
  ...
  <style type="text/CSS">
  p{color:red;}
  h1,h2{color:blue;}
  /＊ h2+p{color:green;}
  p♯p3{color:green;} ＊/
  p.pg{color:green;}
  </style>
  </head>
<body>
...
</body>
```

图 3-5　CSS 中的代码注释

方式 1 用到的选择符叫相邻选择符(IE 6 和 IE 7 不支持),这里的 h2+p 是指紧邻<h2>标记且与<h2>同级的第一个段落。

方式 2 和方式 3 涉及一个非常重要且常见的现象,即在 HTML 代码中定义 id 和 class 属性和在 CSS 中引用其属性值,要遵守 XHTML 如下规定。

(1) id 和 class 的属性值只能是以字母开头的字母数字下划线系列。否则就是无效的属性值,予以忽略。

(2) 对应的引用:在 id 和 class 的属性值前分别加上英文的井号♯ 和点号.,即:"♯id 属性值"和".class 属性值"。

(3) 同一页面中,id 的属性值具有唯一性(即只能用于定义一个元素),class 的属性

值表示一类(即可用于定义多个元素)。如图 3-6(a)所示的 id 定义是违规的。

```
...
<h1>第 1 个标题 </h1>
<p id="p3">第 1 个段落 </p>
<p>第 2 个段落 </p>
<h2>第 2 个标题 </h2>
<p id="p3">第 3 个段落 </p>
...
```

```
...
<h1>第 1 个标题 </h1>
<p class="pg">第 1 个段落 </p>
<p>第 2 个段落 </p>
<h2>第 2 个标题 </h2>
<p class="pg">第 3 个段落 </p>
...
```

(a) 错:因 id 的属性值具有唯一性　　　　　(b) 对:因 class 的属性值表示一类

图 3-6　id 和 class 属性对比

若多个选择符同时都指向一个位置,如图 3-7(b)所示三个选择符"h2+p"、"p♯p3"和"p.p3"都是指向图 3-7(a)中的第 3 个段落,若再考虑浏览器对<p>标记默认的样式,那么就有 4 个字体大小施加于第 3 段落<p>标记中的文字,这 4 个选择符中"p♯p3"的级别最高。所以最终起作用的声明是"p♯p3{font-size:35px;}",即第 3 段落的字体大小是 35px。这里就是 CSS 层叠性规则在起作用了,总的原则是:针对性越强,级别越高。CSS 层叠性规则具体体现如下。

(1) id 的针对性高于类。如"p♯p3{font-size:35px;}"优先于"p.pg{font-size:50px;}"。

(2) 类的针对性高于位置标记。如"p.pg{font-size:50px;}"优先于"h2+p{font-size:10px;}"。

(3) 位置标记针对性高于普通标记。如"h2+p{ font-size:10px;;}"优先于浏览器对 p 标记的默认字体大小(绝大多数浏览器默认的 p 元素文本大小约为 16px)。

(4) 显示定义标记的针对性高于默认样式。如图 3-7(b)中声明"p{color:red;}"产生的效果是:浏览时图 3-7(a)中第 1 段、第 2 段落的文本是红色,覆盖了浏览器默认的所有文本是黑色的设置。

```
...
<h1>第 1 个标题 </h1>
<p>第 1 个段落 </p>
<p>第 2 个段落 </p>
<h2>第 2 个标题 </h2>
<p id="p3" class="pg">第 3 个段落</p>
...
```

```
<html>
  <head>
    ...
    <style type="text/CSS">
      p{color:red;}
      h1,h2{color:blue;}
      h2+p{font-size:10px;color:blue;}
      p♯p3{font-size:35px;}
      p.pg{font-size:50px;}
    </style>
  </head>
<body>
  ...
<body>
```

(a) 位于<body>内的页面代码　　　　　(b) 在<head>内嵌入 CSS

图 3-7　层叠现象:多个 CSS 样式声明施加于同一个 html 元素

对于初学者,在实际的体验中可通过依次注释优先级别较高的 CSS 样式声明来测试上述规则,如图 3-7(b)所示的样式声明中出现了典型的层叠现象,最终发挥作用的样式声明是针对性最高的选择符后面的样式声明,即:"p♯p3{font-size:35px;}"。

3.1.4　后代选择符

后代选择符的讲解基于图 3-8 所示的页面代码片段。

```
...
<body>
  <h1>第 1 个标题 </h1>
  <p class="p1"> 第<span>1</span>个段落　</p>
  <p> 第 2 个段落　</p>
  <h2>第 2 个标题 </h2>
  <p id="p3" > 第<span>3</span>个段落　</p>
</body>
```

图 3-8　代码片段

图 3-8 代码片段的层次结构可用图 3-9 表示。

说明:<body>标记包含 5 个子标记,分别是<h1>、<p>、<p>、<h2>和<p>,这 5 个元素之间是同级(即兄弟关系),都是<body>的子标记(或子元素或后代元素),或者说<body>是它们的父标记(或父元素),这些标记又都是根元素<html>的后代元素。

第 1 个和第 3 个<p>标记又都包含子元素<span>标记,是<span>的父元素;<body>是<span>的祖元素,<span>是<body>的孙元素,所以除根元素<html>外,其余的 html 标记很多时候具有后代元素或父元素、祖元素等多重身份,取决于具体的参照标记。

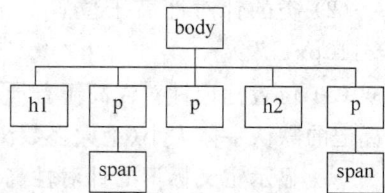

图 3-9　代码片段的层次结构

例 3-3　基于素材"ch3\exp3_3.html",将页面中第 1 段和第 3 段的数字 1 和 3 的文本背景颜色分别设置为绿色和蓝色。

可采取以下两种方式。

(1)采用后代选择符定位,并为其设置背景样式,即在<style>和</style>标记之间增加以下两行样式声明:

```
p.p1 span{background-color:green;}
p♯p3 span{background-color:blue;}
```

从上述代码可以看出,后代选择符的要点是标记之间用空格隔开(前面学到的组选择符是标记之间用英文逗号隔开)。

(2)分别给<span>标记添加不同的 id 或者 class 属性,然后引用属性值设置背景样式。

3.1.5 通用选择符

前面反复提及每个浏览器都有一个默认的样式表,不同浏览器之间的样式表存在些许不同,自定义样式就是希望让浏览的效果在主流浏览器上显示一致,要实现这个目标有很多技术细节需要处理,使用通用选择符 * 是最常采用的方式之一,这里的通用选择符 * 是指 HTML 文档中的所用标记。

浏览器给块元素定义了一个默认的外边距 margin 和内边距 padding,多数情形需要重新定义这些内、外边距,为消除浏览器默认的内、外边距,可以使用 * 进行样式设置,有时页面中绝大多数的文本大小相同,也可使用 * 来设置,总之用 * 来设置页面中共性比较多的基础样式。

例 3-4 基于素材"ch3\exp3_4.html",利用通用选择符 * 实现:使页面中所有元素的内、外边距均设置为 0,所有文本颜色是红色,字体大小是 13px。

实施过程如下。

(1) 先浏览 exp3_4.html 的页面效果。

(2) 使用记事本编辑页面文档,在<style>和</style>之间增加如下样式:

```
*{
    margin:0;                    /*取消所有元素四周的外边距*/
    padding:0;                   /*取消所有元素四周的内边距*/
    color:red;
    font-size:13px;
}
```

保存,浏览效果。

(3) 若继续添加样式:h2{color:blue;},那么<h2>标记的内容就会显示蓝色。这还是层叠规则的效用,因为 h2 的针对性比 * 高,所以一般在样式声明设置的最开始处使用通用选择符 * 来设置样式。

综上所述,本小节学习的 CSS 选择符有以下几种。

(1) 通用选择符 * 。

(2) 标记选择符。

(3) 后代选择符。

(4) 类选择符。

(5) id 选择符。

(6) 相邻选择符。

对于上述选择符按照"针对性越强级别越高"原则,具体如下。

(1) 选择高于继承。

(2) ID 选择符高于类选择符,类选择符高于标签选择符。

(3) 标签♯id 高于♯id,标签.class 高于.class。

3.1.6 伪类

类是在标记的开始部分添加 class 属性定义的,伪类(pseudo-class)是能够实现好像给元素添加了新的类但实际上并没有给元素添加类的效果。通过伪类可以在某个事件发生时，将样式应用到元素上，最常见的就是当鼠标指向或者悬停于链接元素上所发生的变化，伪类还能基于标记中某些匹配的条件来应用样式。

1. 对<a>标记的某些事件应用样式的伪类

(1) a:link：设置未被访问的超链接的样式。
(2) a:visited：设置已被访问的超链接的样式。
(3) a:hover：设置悬停时的超链接的样式，使用频率最高。
(4) a:active：设置单击鼠标但未释放时的超链接的样式。

如以下样式可实现<a>标记在悬停状态时实现取消下划线和颜色变蓝的效果：

```
a:visited{
    text-decoration:none;
    color:blue;
}
```

注意：目前主流浏览器(若为 IE，需 8.0 以上)不仅支持<a>标记的悬停效果，也支持其他任何元素的悬停效果的实现，如 p:hover 和 img:hover 等，这在后面章节的实例中会多次用到。

2. 基于某些匹配的条件应用样式的伪类

(1) :first-child：选取作为其他元素的第 1 个子元素。如设置列表中的第 1 个选项为红色，可直接添加"li:first-child{color:red;}"的 CSS 规则。
(2) :focus：选取获取焦点的元素。如用户单击输入框时需要给输入框添加蓝色边框的效果，添加"input:focus{border:1px blue solid;}"的 CSS 规则。

3.1.7 伪元素

伪元素是能够实现好像在文档中添加了额外元素但其实并没有添加额外元素的效果。以::first-letter 为例，假如要将 h2 中的首字符设置成其他字符的 2 倍，只要简单地添加"h2:first-letter{font-size:2em;}"CSS 规则即可，就好像是添加了如下情形的 span元素和 CSS 规则(这就是对"伪元素"的诠释)：

```
h2 first-letter{font-size:2em;}
<h2><span class="first-letter">R</span>oad to success!<h2>
```

即好像在文档中添加了一个类似 span 的元素，将首字符"R"单独标识，其实不需要，这就是伪元素所产生的效果。

还可以将伪元素理解为通过它来选取文本的部分内容，如文本的首字符或者首行，但是对诸如<span>或<a>的行内元素不能使用伪元素。

常用的伪元素如下。

(1) ::first-letter：如 p:first-letter{font-size:2em; float:left; }可以实现如图 3-10所示段落首字下沉的效果。在实际应用时，无须在伪元素使用双冒号，使用单冒号即可。
(2) ::first-line：如"p:first-line {font-style:italic; font-size:1.5em; }"的 CSS 规则

可以实现段落首行文本产生倾斜,字号大 150% 的效果,如图 3-11 所示。

山高水远,草长鹰飞,辽远的牧歌伴随着白云在悠远的晴空自由地飘飞。当岁月随着古老的日落日出而流走,在这里,炊烟依然安详,羊群依旧平静,仿佛所有的静穆都是一种隐预和暗示,这就是美丽富饶的黄河大草原。

山高水远, 草长鹰飞, 辽远的牧歌伴随着白云 在悠远的晴空自由地飘飞。当岁月随着古老的日落日出而流走,在这里,炊烟依然安详,羊群依旧平静,仿佛所有的静穆都是一种隐预和暗示,这就是美丽富饶的黄河大草原。

图 3-10　伪元素:first-letter 的效果　　　　图 3-11　伪元素:first-line 的效果

3.1.8　多类

多类在语法上是 class 的属性值中包含多个词,词之间以空格隔开,如图 3-12 所示。

上述代码中每个 <p> 标记都定义了两个类,这样做的好处是这 3 个段落相同的样式通过引用类名 pp 来设置,不同的样式引用各自不同的类名来实现。

例如,要求设置 3 个段落的字体颜色都是红色,字体大小分别是 16px、18px 和 14px,可添加如图 3-13 所示的 CSS 规则。

```
...
  <body>
    ...
    <p class="pp p1"> 第 1 个段落 </p>
    <p class="pp p2"> 第 2 个段落 </p>
    <p class="pp p3"> 第 3 个段落 </p>
  </body>
...
```

图 3-12　多类的定义

```
<style type="text/CSS">
.pp{color:red;}
.p1{font-size:16px;}
.p2{font-size:18px;}
.p3{font-size:14px;}
</style>
```

图 3-13　多类的引用

注意:class 中所定义的多个类名用空格隔开,类名前后顺序不影响类的引用。

多类只是提供了定位元素的另一种选择方式,图 3-12 中利用多类的定位方式也可以用 id 和类共用的方式实现,如图 3-14 所示。

对于图 3-14 的属性变更,要实现相同的效果对应的 CSS 规则如图 3-15 所示,请再次留意对 class 名和 id 名的引用。

```
...
  <body>
    ...
    <p class="pp" id="p1"> 第 1 个段落 </p>
    <p class="pp" id="p2"> 第 2 个段落 </p>
    <p class="pp" id="p3"> 第 3 个段落 </p>
  </body>
...
```

图 3-14　id 和类共用

```
<style type="text/CSS">
.pp{color:red;}
#p1{font-size:16px;}
#p2{font-size:18px;}
#p3{font-size:14px;}
</style>
```

图 3-15　CSS 规则

一个元素可以使用多个类,一个类可以用于多个元素,听起来有点拗口,但在实际中频繁使用。

3.2 页面中设置 CSS 的几种方式

在页面中可以用多种方式引入 CSS,如嵌入式 CSS、链接式 CSS、行内 CSS 和导入式 CSS。

3.2.1 嵌入式 CSS

在前一小节中,是在页面文档的<head>和</head>之间利用<style>标记引入 CSS,这种方式是嵌入式 CSS,主要用于调试和 CSS 入门学习用,因为这种方式具有以下弱点。

(1) 样式和内容共用一个文档。

(2) 样式仅针对于当前文档有效。

(3) 若要实现多个页面风格的统一,修改和维护的工作量很大。

不难看出这些问题产生的原因只有一个,即没有实现样式与内容的分离。要实现这种分离,可采用即将介绍的链接式 CSS。

3.2.2 链接式 CSS

链接式 CSS 就是将样式以独立的文件存放,然后在页面文件<head>和</head>之间利用<link>标记引入 CSS 样式文件。

例 3-5 基于素材"ch3\exp3_5.html",将页面中嵌入式的 CSS 改为链接式的 CSS,实现样式与内容的分离。

实施步骤如下。

(1) 打开素材"ch3\exp3_5.html",将<style>标记的内容(即不包含开始标记<style>和结束标记</style>)复制到一个新文档,以 CSS 为扩展名保存文件,如 myFirst.CSS,注意 CSS 文件与页面文件的相对位置,本例假设这两个文件位于同一文件夹。

(2) 删除页面文件中的<style>标记。

(3) 浏览页面,查看无自定义样式的页面效果。

(4) 将样式文件引入页面文件中:回到页面文件,在<head>和</head>中增加以下一行代码:

<link href="myFirst.CSS" rel="stylesheet" type="text/CSS" media="screen" />

<link>标记是一个无内容的空标记,其中:

① 属性 href 指向关联的 CSS 样式文件。

② rel="stylesheet"表示是一个样式表。

③ type="text/CSS"表示文本是一个 CSS 类型文件。

④ media="screen"表示适合于 Web 浏览器。

(5) 保存,浏览效果。

注意 href 属性关联的 CSS 样式文件是相对于页面文件的位置,若是基于图 3-16 所示的文件结构,那么应该修改 href 的值,

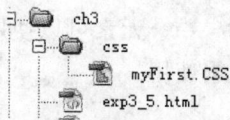

图 3-16　文件结构

即为：href＝"CSS\myFirst.CSS"。

3.2.3 行内 CSS

行内 CSS 就是在元素的开始标记内利用 style 属性来实现其表现效果,其优先级别最高。如：

<p＞第<span style＝"font-size:20px;"＞3</span＞个段落</p＞

这种样式一般不建议采用,调试效果可作为临时使用。其特点是 style 属性设置的样式只对其所在标记内容起作用,而且不能体现内容与样式分离的思想。

行内样式的替代方式就是给指定标记增加一个 id 或者 class 属性来作为该标记的唯一定位,然后在样式表文件中利用 id 或者 class 选择器给其设置样式。

若没有具有强大功能的选择器来定位页面元素,想象一下所有效果的实现都必须依赖于行内 CSS 的情形。

3.2.4 导入式 CSS

导入式 CSS 就是在页面文件的<head>标记的<style>和</style>之间利用 @import 声明导入样式表文件,要求@import 声明必须放在<style>标记的开始部分,若放在其他样式之后就会被忽略。具体格式如图 3-17 所示。

```
<head>
    …
    <style  type＝"text/CSS"＞
        @import url(company.CSS);/*放在开始位置*/
        h1 { background: yellow; color: ♯666 }
    </style>
    …
</head>
```

图 3-17 导入式 CSS

导入式 CSS 的特点是在导入 CSS 样式文件的时候,还可以嵌入 CSS,当冲突发生时,嵌入式优先。

关于@import 的两点说明如下。

(1) 和<link>标记一样,@import 也是用于关联外部的 CSS 文件和 XHTML 页面。体现内容与样式的分离,但是@import 是一种 CSS 规则,所以要置于<style>标记之内。

(2) 浏览器显示只有@import 指令而没有<link>或<script>标记的页面时,会在页面加载瞬间显示没有应用 CSS 样式的页面内容。

3.2.5 各种 CSS 的优先级

在本章的开始就明确说明 CSS 有两层含义,即样式表和层叠。样式表就是一个扩展名为 CSS 的文本文件,其内容是一组 CSS 规则的集合,即诸如"选择器{属性 1:属性值 1;

属性 2：属性值 2；……}"的 CSS 规则。

层叠是一种让浏览器决定对某一元素最终应用哪条 CSS 规则的机制。CSS 规则中选择器能体现层叠的这些寓意，即当某一个元素的样式有多处定义时，按选择器的"针对性强为优先"的原则决定最终其作用的样式。

对于处于不同位置的 CSS，同样体现层叠的这层寓意，其优先级别从高到低的顺序是：行内 CSS 优先级最高，其次分别是嵌入式 CSS、链接式 CSS 和导入式 CSS。

3.3　CSS 样式的分类

利用 CSS 样式对页面元素实现表现效果，众多的表现有不同的分类方法，下面介绍其中两种分类方式。

1. 按照 XHTML 元素的表现效果（参照 Dreamweaver 的 CSS 样式对话框）分类

① 文字效果：主要属性有 font-family、font-size、line-height、color、font-style、font-weight、text-decoration 和 font 复合属性等。

② 区块效果：主要属性有 text-indent、text-align、letter-spacing、white-space、display 等。

③ 方框效果：主要属性有 width、height、margin、padding 和 float 等。

④ 边框效果：主要属性有 border-width、border-style、border-color、border 以及独立边框复合属性等。

⑤ 背景效果：主要属性有 background-image、background-repeat、background-color、background-position 和 background 复合属性等。

⑥ 列表效果：主要属性有 list-style-type、list-style-image 等。

2. 按样式的实际功能分类

① 与布局相关的样式：主要属性有宽度（width）、高度（height）、定位（position）、浮动（float）、清除（clear）、显示（display）、外边距（margin）、内边距（padding）和边框（border）等。

② 与颜色相关样式：主要属性有背景颜色、背景图片和文本颜色等。

③ 与文本区块相关的样式：主要属性有与字体相关的 font，与文字块相关的 text-indent、text-align 和列表相关的 list-style 等。

CSS 是为 XHTML 文档添加样式的一种机制，其中选择符是 CSS 的核心，若没有选择符，除了将样式声明嵌入每个元素中就没有其他办法将样式应用到元素上，而通过选择符赋予的选择任何形式任何种类元素的能力就可以利用很少的几行 CSS 完成很大一部分样式设置的工作。选择符的针对性是层叠性的一种体现，遵循"针对性越强级别越高"的原则。

页面中设置 CSS 有多种方式，能体现内容与样式分离原则的有链接式 CSS 和导入 CSS，其中链接式 CSS 在实际中最常用，内容与样式混在一起的嵌入式 CSS 和行内 CSS 常用于页面设计和调试阶段，行内 CSS 的优先级别最高。

CSS 中的样式声明结合具体的实例在后续章节陆续学习，就是要了解和掌握主要的 XHTML 元素的常用属性和对应的属性值，然后根据需要灵活应用。

选 择 题

(1) 注释 CSS 代码所采用的方式是(　　)。

　　A. / * 被注释的代码 * /　　　　　　　　B. //被注释的代码

　　C. "被注释的代码　　　　　　　　　　D. <! --被注释的代码-->

(2) 在选择符中引用 id 属性值的符号是(　　)。

　　A. 英文点号.　　　　B. 英文 #　　　　C. *　　　　　　D. -

(3) 以下属于组选择符的是(　　)。

　　A. div p　　　　　　B. div,p　　　　　　C. div +p　　　　D. div * p

(4) 以下属于后代选择符的是(　　)。

　　A. div p　　　　　　B. div,p　　　　　　C. div +p　　　　D. div * p

自 主 训 练

练习 3-1：利用素材"ex3\ex3_1. html"，在<style>和</style>标记之间添加合适的样式实现以下要求。

(1) 将页面中的 1 级标题和 2 级标题文本的颜色分别设置为红色和蓝色。

(2) 将<span>标记和<a>标记的字体大小(font-size)设置为 26px(对应样式 tfont-size:26px;)，颜色为#03f(对应样式 color:#03f)。

(3) 将页面中的所有列表项文本的颜色设置为绿色。

(4) 所有 p 标记的颜色是灰色#777 。

(5) 取消页面中<a>标记文本的下划线(对应样式 text-decoration:none;)。

练习 3-2：利用素材"ex3\ex3_2. html"，给元素添加合适的属性和在<style>和</style>标记之间添加合适的样式实现以下要求。

(1) 将页面中的 1 级标题和 2 级标题文本的颜色设置为红色。

(2) 将紧跟标题的段落颜色设置为#f6f。

(3) 让列表项中的奇数项和偶数项的颜色分别为#666 和#03f。

(4) 让"我校与马来西亚……"所在的 1 级标题文本居中对齐(text-align:center;)。

(5) 让"战略合作协议签约"所在的 2 级标题字体大小为 40px。

(6) 将<span>标记和<a>标记的字体大小(font-size)设置为 26px(对应样式 font-size:26px;)，颜色为#03f(对应样式 color:#03f;)。

练习 3-3：利用素材"ex3\ex3_3. html"，实现以下要求(注意设置样式前、后页面效果的对比)。

(1) 利用通用选择器 * 取消页面所有元素的外边距和内边距,字体大小为 13px。

(2) 取消所有列表的符号或者编号(list-style-type:none)。

(3) 将当前的嵌入式 CSS 改为链接式 CSS,即将页面中的样式以独立文件 myex.

CSS 保存,然后在页面中利用<link>标记引入样式。

(4) 利用行内样式将最后一个列表项的文本大小设置为 20px,颜色是红色。

综合填空题

参考图 3-18~图 3-21,对图(a)代码片段应用图(b)的 CSS 规则,完成(1)~(11)题的填空。

```
<body>
    ...
    <span id="id3">我的 font-size?    </span>
    <span class="class3">我的 font-size? </span>
    ...
</body>
```
(a) 代码片段

```
<head>
    <title>CSS 的层叠规则</title>
    <style type="text/CSS">
        * {font-size: 20px;}
        .class3 {font-size: 12px ;}
    </style>
```
(b) CSS 规则 A

图 3-18   代码片段和 CSS 规则 A

(1) 第 1 个<span>标记内容的字体大小是: _____。

(2) 第 2 个<span>标记内容的字体大小是: _____。

(3) 判断的规则是: _____。

```
<body>
    ...
    <span id="id3">我的 font-size?    </span>
    <span class="class3">我的 font-size? </span>
    ...
</body>
```
(a) 代码片段

```
<head>
    <title>CSS 的层叠规则</title>
    <style type="text/CSS">
        #id3 {font-size: 25px ;}
        .class3 {font-size: 18px ;}
        span {font-size:12px}
    </style>
</head>
```
(b) CSS 规则 B

图 3-19   代码片段和 CSS 规则 B

(4) 第 1 个<span>标记内容的字体大小是: _____。

(5) 第 2 个<span>标记内容的字体大小是: _____。

(6) 判断的规则是: _____。

```
<body>
    ...
    <span id="id3">我的 font-size?    </span>
    <span class="class3">我的 font-size? </span>
    ...
</body>
```
(a) 代码片段

```
<head>
    <title>CSS 的层叠规则</title>
    <style type="text/CSS">
        span#id3 {font-size: 18px}
        #id3 {font-size: 12px}
        span.class3 {font-size: 18px}
        .class3 {font-size: 12px}
    </style>
```
(b) CSS 规则 C

图 3-20   代码片段和 CSS 规则 C

（7）第 1 个＜span＞标记内容的字体大小是：_____。

（8）第 2 个＜span＞标记内容的字体大小是：_____。

（9）判断的规则是：_____。

```
<body>
  ...
<div class="class1">
  <p class="class2">
    <span class="class3">我的 font-size?
</span> </p>
</div>
  ...
</body>
```

（a）代码片段

```
<head>
  <title>CSS 的层叠规则</title>
  <style type="text/CSS">
    .class1 .class2 .class3
  {font-size: 25px ;}
    .class2 .class3 {font-size: 18px;}
    .class3 {font-size: 12px ;}
  </style>
```

（b）CSS 规则 D

图 3-21　代码片段和 CSS 规则 D

（10）＜span＞标记内容的字体大小是：_____。

（11）判断的规则是：_____。

第4章
盒子模型与布局相关技术及应用实例

Chapter 4

从本章开始讲解具体的 CSS 样式对页面表现的控制,页面的核心是围绕主题的内容,这些内容在逻辑上是相关的,在物理上的布局也是为了更好地体现这种内容的相关性。

现在回顾一下 XHTML 的块标记(或块元素)和行内标记(行内元素)的区别:即在浏览器的默认样式下根据标记内容是否另起一行来区分,如<p>、<h1>~<h6>、<ul>、<li>等是块标记,而<a>和<span>等是行内标记。

页面的主要结构从上至下是页眉、正文和页脚,这些部分通常是利用<div>标记来进行组织,定位和分栏利用浮动(float)属性、清除(clear)属性、显示(display)属性和定位(position)来设置,布局是利用宽度(width)、高度(height)、外边距(margin)属性和内边距(padding)属性来设置,所以网页设计师为了实现一个布局精美的页面效果,需要花很多时间对这些属性的属性值进行调整。对于初学者而言,首先要清楚这些属性,也就是本章的核心内容。

为方便讲解,采用嵌入式 CSS,同时为了取消浏览器之间默认样式的差异,利用 "*{margin:0;padding:0;}"的 CSS 规则取消所用元素的外边距和内边距(浏览器给块标记设置了默认的外边距和内边距)。

4.1　认识和理解盒子模型

一切皆为盒子,即 XHTML 标记中的每个元素在页面中都会产生一个盒子,页面实际上就是盒子排列的结果,因此盒子模型是 CSS 中的一个重要概念。

每个盒子从内到外有:内容、内边距(填充)、边框、边界(外边距)四个部分,如图 4-1 所示。

CSS 盒子模型中的"盒子"可以理解为 HTML 每一个元素的直观描述,即<h1>~</h6>、<div>、<ul>、<img>和<p>等标记都可以用"盒子"来形象表示,只是在默认样式下每个元素盒子的边框是不可见的(对应的 CSS 规则是:{border:medium black none;}),盒子的背景也是透明的,所以至此为止还不能将 HTML 元素与其对应的"盒子"形象关联起来。如果给元素添加设置边框线型或者背景颜色的 CSS 规则,HTML 元素的"盒子"形象就呈现了,这样就可以从一个新的角度来重新认识 HTML 元素,而这种

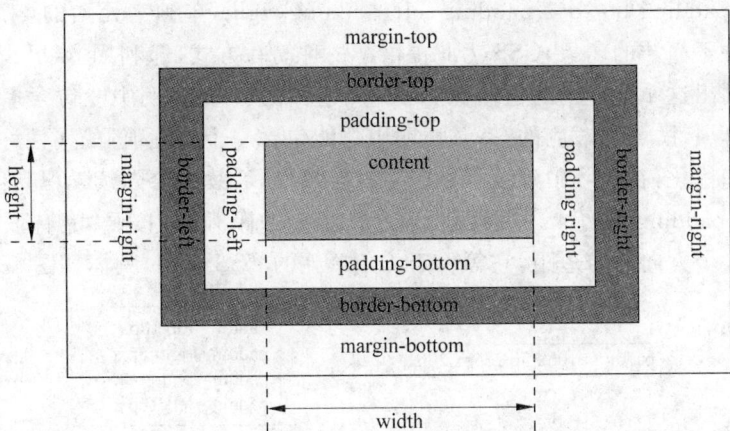

图 4-1　盒子模型

认识是利用 CSS 进行网页布局的基础,而清晰理解和灵活应用盒子模型的相关属性是利用 CSS 进行页面布局的具体实现。

使用 CSS 可以调整元素盒子的 4 个方面如下。

(1) 内容空间:设置盒子内容的宽度和高度。

(2) 内边距 padding:设置盒子中内容与边框之间的距离,或者说从边框开始向内推开元素中的内容。

(3) 边框 border:设置盒子边框的厚度、颜色和线型。

(4) 外边距 margin:设置盒子边框与相邻元素之间的距离,或者说从边框开始向外推开相邻元素。

4.1.1　盒子内容

将一个 HTML 元素理解为一个盒子,那么盒子模型的内容部分是指这个 HTML 元素的元素内容(如<p>元素和<h1>元素的元素内容)或者子元素(如<ul>元素中<li>元素等这种 HTML 元素嵌套的子元素)。

在盒子模型中,内容部分的相关属性是 width 和 height。默认样式下内容宽度为其所在父容器的宽度(即 width:100%;),高度是内容自适应。设置 width 的几种方式如下。

(1) 默认情形,与所在父容器等宽。

(2) 固定宽度,如 width:300px;设置宽度为 300px。

(3) 相对宽度,如 width:30%;设置宽度为所在父容器宽度的 30%。

4.1.2　内边距

内边距(padding)用于控制内容与边框之间的空间,在边框的内部,所以若为盒子元素设置背景,内边距会带有背景。内边距的设置在上、下、左、右四个方向的间距,大小可一致也可不一致,对应地 CSS 中控制上、下、左、右四个方向内边距的属性分别是

padding-top、padding-bottom、padding-left、padding-right，单独为元素的 4 个方向编写内边距给人一种不简洁的印象，CSS 为此提供了一种简写方式，即利用 padding 属性在一条声明中逐个列出这 4 个方向的值。像 padding 这种在"一条声明中能包含多个属性值"的属性称为复合属性，与之对应的"一条声明中只能包含一个属性值"的属性称为单属性，为使代码简洁和优化，在实际中建议尽量采用复合属性，后续还会陆续学习其他复合属性。

例如，给 padding 设置 4 个属性值，表示从上内边距开始，按照"上右下左"顺时针方向依次设定 4 个方向的内边距，它等价于 4 条单独的 CSS 规则，具体如图 4-2 所示。

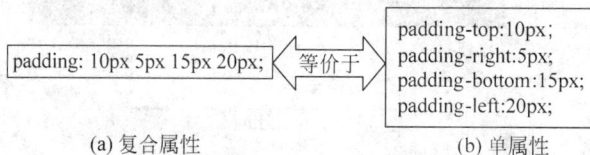

(a) 复合属性　　　　　　　　　　　　(b) 单属性

图 4-2　padding 复合属性与相应单属性的对应关系

图 4-2 表示上、右、下和左内边距分别为 10px、5px、15px 和 20px，采用 padding 复合属性时要注意以下几点。

(1) 属性值之间只有一个空格隔开。

(2) 按照 CSS 规定：padding 属性值的方向是"上右下左"顺时针方向，这种方向性的特点同样适合于盒子模型中的其他复合属性，如 margin、border-color、border-width、border-style。

(3) 给 padding 设置 3 个值，省略的是左内边距，表示它与右内边距相同。如："padding：10px 5px 15px；"表示上、右、下内边距分别为 10px、5px、15px，而左内边距与右内边距相同，也是 5px。

(4) 给 padding 设置 2 个值，省略的是下内边距和左内边距，表示上、下方向的内边距相同，左、右方向的内边距相同。如"padding：2px 4px；"表示上、下方向的内边距为 2px，左、右方向的内边距为 4px。

(5) 给 padding 设置 1 个值，省略的是下内边距、左内边距和右内边距，表示 4 个方向的内边距都相同，如 padding：2px。

那么单内边距属性什么时候使用呢？一般用于覆盖复合属性中的某一个属性值，如给某个盒子元素设置如下的 CSS 规则：

```
{
    padding:2px;
    padding-top:0;
}
```

表示该盒子的没有上内边距，其余三个方向的内边距均为 2px，当然这个要求也可用声明{ padding：0 2px 2px；}或者{ padding：0 2px 2px 2px；}，所以理解了规则，应用起来就比较自如了。

4.1.3　边框

边框（border）用于设置边框的宽度、颜色和线型，也是属于复合属性，即当 4 条边的宽度、颜色和线型都相同时，可用 border 来设置，当 4 条边不尽相同时，每条边框是可单独设置的，对应的有 border-top、border-right、border-bottom 和 border-left 这 4 个分别用于单独设置上边框、右边框、下边框和左边框的宽度、颜色和线型的复合属性。

以 border-top 为例来说明，图 4-3 说明 border-top 复合属性与相应单属性的对应关系。

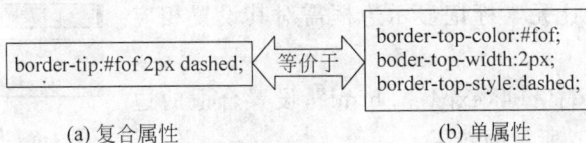

```
border-tip:#fof 2px dashed;    等价于    border-top-color:#fof;
                                         boder-top-width:2px;
                                         border-top-style:dashed;
```
(a) 复合属性   (b) 单属性

图 4-3 border-top 复合属性与相应单属性的对应关系

border-color、border-width、border-style 也是复合属性，分别用于设置边框的颜色、宽度和线型。

border-color 用来设置各条边框的颜色，对应的 4 个单属性分别是 border-top-color、border-right-color、border-bottom-color 和 border-left-color。和 padding 一样，border-color 的属性值可以是 4 个、3 个、2 个或者 1 个，与各单属性的对应关系同样遵循"上右下左"的方向，只是具体的属性值是颜色。图 4-4 说明了 border-color 具有 4 个属性值时与各单属性的对应关系。

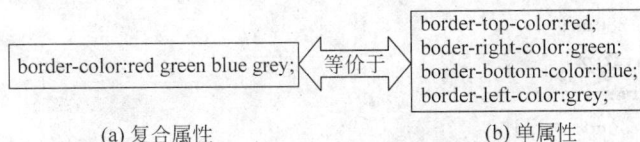

```
border-color:red green blue grey;   等价于   border-top-color:red;
                                             boder-right-color:green;
                                             border-bottom-color:blue;
                                             border-left-color:grey;
```
(a) 复合属性   (b) 单属性

图 4-4 border-color 复合属性与相应单属性的对应关系

border-width 用于设置各条边框的宽度，对应的 4 个单属性分别是 border-top-width、border-right-width、border-bottom-width 和 border-left-width，只是属性值表示宽度，其余规则与 padding 和 border-color 相同。

border-style 用于设置各条边框的线型，对应的 4 个单属性分别 border-top-style、border-right-style、border-bottom-style 和 border-left-style，其可用的属性值和对应的效果如图 4-5 所示。

在默认的样式下，边框线型 border-style 的属性值是 none，所以边框不会显示。要使 HTML 元素呈现盒子的表现效果的最快捷方式是为其添加诸如 {border:solid;} 或者 {border-style:solid;} 的 CSS 规则。

由于边框有颜色、宽度和线型这些属性，可单边设置，也可利用对应的单属性来设置每条边的某一个属性值，共有 20 个属性，这么多属性可对边框进行精确的设置使其更富有表现力，实际应用中通常是按照"先整体后局部"原则

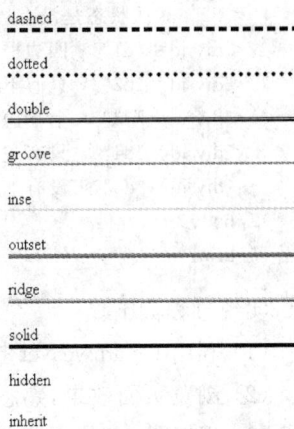

dashed
dotted
double
groove
inse
outset
ridge
solid
hidden
inherit

图 4-5 线型的属性值及效果

来设置，即按照 border、border-top（border-right、border-bottom 或 border-left）、border-color（border-width 或 border-style），最后是各种单属性。

大多数主流浏览器对边框的默认样式是：只对＜img＞标记显示一个线宽为 1px，颜色是黑色，线型是实线（即按 border:1px black solid 的规则）的边框，对其他元素是不显示边框的，所以若要让元素标记显示边框需对其设置相应的 CSS 规则。

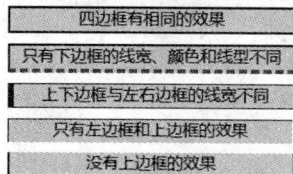

默认状态是没有边框的

| 四边框有相同的效果 |
| 只有下边框的线宽、颜色和线型不同 |
| 上下边框与左右边框的线宽不同 |
| 只有左边框和上边框的效果 |
| 没有上边框的效果 |

图 4-6　例 4_1 的边框效果

例 4-1　基于素材"ch4\exp4_1.html"，设置合适的边框样式，实现如图 4-6 所示的效果。

例 4-1 配套素材"ch4\exp4_1.html"文件源代码：

```
<!DOCTYPE html PUBLIC "-//W3C//DTD XHTML 1.0 Transitional//EN" "http://www.
w3.org/TR/xhtml1/DTD/xhtml1-transitional.dtd">
<html xmlns="http://www.w3.org/1999/xhtml">
<head>
<meta http-equiv="Content-Type" content="text/html; charset=utf-8" />
<title>盒子模型的边框</title>
<style type="text/css">
    * {margin:10px; }
    div{
        width:280px;
        height:22px;
        text-align:center;
        background: #ddd;
        }
    div{border:2px black solid; }
</style>
</head>


<body>
    <h2>默认状态是没有边框的</h2>
    <div id="d1"> 四边框有相同的效果 </div>
    <div id="d2"> 只有下边框的线宽、颜色和线型不同 </div>
    <div id="d3"> 上下边框与左右边框的线宽不同 </div>
    <div id="d4"> 只有左边框和上边框的效果 </div>
    <div id="d5"> 没有上边框的效果 </div>
</body>
</html>
```

实现过程如下。

（1）利用 Dreamweaver 打开素材 exp4_1.html（最好是利用站点来管理文件，以下同）。

（2）浏览页面效果，熟悉 HTML 代码。

（3）根据图 4-6 的要求灵活利用和边框设置相关的属性，参考的 CSS 的规则如图 4-7(b)所示。

```
...
<h2>默认状态是没有边框的</h2>
<div id="d1"> 四边框有相同的效果 </div>
    <div id="d2"> 只有下边框的线宽、颜色和线型不同
</div>
    <div id="d3"> 上下边框与左右边框的线宽不同 </div>
    <div id="d4"> 只有左边框和上边框的效果 </div>
    <div id="d5"> 没有上边框的效果 </div>
```

(a) 部分HTML代码

```
div{border:2px black solid; }
#d2{border-bottom: 4px #f0f dashed; }
#d3{border-width: 1px 6px; }
#d4{border-width:1px 0 0 1px; }
#d5{border-top-width:0 ; }
```

(b) CSS代码

图 4-7 代码与规则对照图

关于设置盒子边框的几点说明如下。

(1) 只有当边框的宽度不为 0 且边框线型不为 none 或者 hidden 时,才能显示边框。

(2) 当针对性一致时,后面的规则覆盖前面的规则。如顺次有诸如以下的 CSS 规则:

$\#$d5{border-top-width:0 ; }
$\#$d5{border:2px black solid; }

则 $\#$ d5 对应元素的四周会有边框。

(3) 边框设计对应 Dreamweaver CSS 规则对话框的"边框"选项卡,如图 4-8 所示。

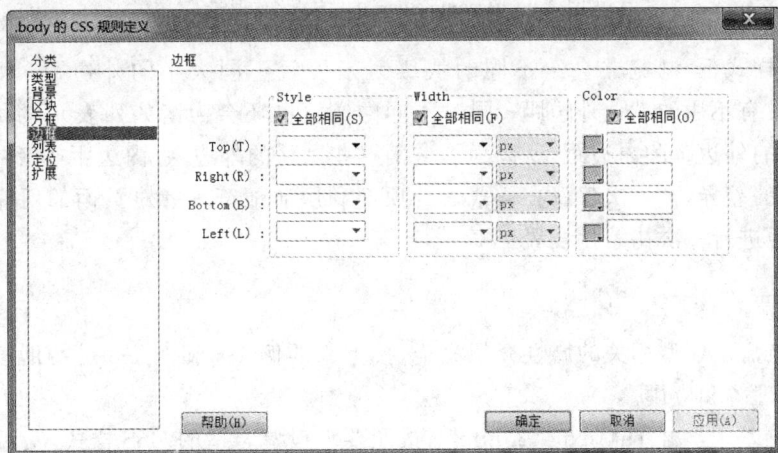

图 4-8 Dreamweaver 的"边框"选项卡

4.1.4 外边距

外边距(margin)用于设置盒子边框与其相邻元素之间的空间,是复合属性,对应的 4 个单属性分别是 margin-top、margin-right、margin-bottom 和 margin-left。和 padding

一样,margin 的属性值可以是 4 个、3 个、2 个或者 1 个,与各单属性的对应关系同样遵循"上右下左"的方向。

关于"margin:0 auto;"样式声明的说明:该声明表示给元素的右外边距 margin-right 和左外边距 margin-left 都设置 auto 的属性值,而且在该元素具有一定宽度的前提下,浏览器就会取该元素所在父容器的宽度和该元素的宽度之差除以 2 后分别应用在元素的左/右外边距,这样让元素在容器中产生居中的效果,常常用于整个页面在浏览器的居中,这点在后面的实例中会大量用到。

外边距 margin 和内边距 padding 对应 Dreamweaver CSS 规则对话框的"方框"选项卡,如图 4-9 所示。

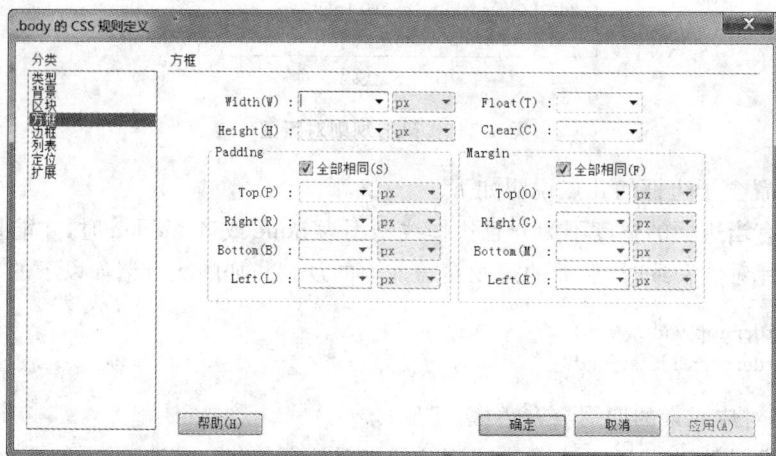

图 4-9   Dreamweaver 的"方框"选项卡

在默认样式下,浏览器会给不同的块级元素设置不同大小的外边距,即 <h1> 和 <p> 元素具有不用的默认外边距;同时不同的浏览器还会为诸如列表元素和表单元素等设置不同的外边距和内边距,所以为了取消这些默认的外边距/内边距或者"抹平"这些浏览器之间的差异,再一次建议在样式表的顶部利用通配符 * 针对页面的所有元素的外边距/内边距进行一次初始化设置:

```
*{padding:0; margin:0;}
```

至此,与盒子模型相关的属性介绍完毕,接下来的例 4-2 和例 4-3 可帮助读者加深对这些属性的理解和应用。

例 4-2   基于素材"ch4\exp4_2.html",按照要求设置合适的 CSS 样式,实现如图 4-10 所示的效果。要求如下。

(1) 3 个 div 的大小相同,宽和高分别为 200px 和 60px;边框为 5px,线型是实线,颜色自定。

(2) 1 号 div 的左边距为 15px。

(3) 2 号 div 与 1 号 div 右靠齐。

(4) 3 号 div 与 2 号 div 左靠齐。

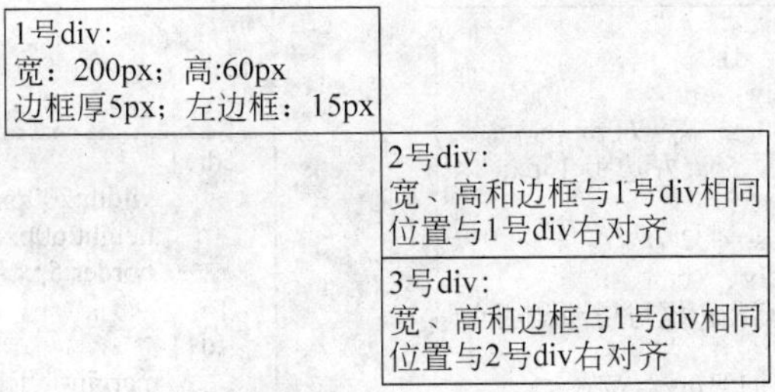

```
┌──────────────────────────┐
│1号div:                    │
│宽：200px；高:60px          │
│边框厚5px；左边框：15px      │
│            ┌─────────────────────────┐
└────────────│2号div:                   │
             │宽、高和边框与1号div相同     │
             │位置与1号div右对齐          │
             ├─────────────────────────┤
             │3号div:                   │
             │宽、高和边框与1号div相同     │
             │位置与2号div右对齐          │
             └─────────────────────────┘
```

图 4-10 例 4-2 效果

例 4-2 配套素材"ch4\exp4_2.html"文件源代码：

```
<!DOCTYPE html PUBLIC "-//W3C//DTD XHTML 1.0 Transitional//EN" "http://www.
w3.org/TR/xhtml1/DTD/xhtml1-transitional.dtd">
<html xmlns="http://www.w3.org/1999/xhtml">
<head>
<meta http-equiv="Content-Type" content="text/html; charset=utf-8" />
<title>练习边框和外边距的设置</title>
<style type="text/css">
    * {margin:0; padding:0;}
</style>
</head>

<body>

    <div class="d1">
    1 号 div: <br />
    宽:200px;   高: 60px<br />
    边框厚:5px; 左边距:15px;
    </div>
    <div class="d2">
    2 号 div: <br />
    宽、高和边框与 1 号 div 相同 <br />
    位置与 1 号 div 右对齐
    </div>
    <div class="d3">3 号 div: <br />
    宽、高和边框与 1 号 div 相同 <br />
    位置与 2 号 div 左对齐
    </div>
</body>
</html>
```

实现过程如下。

（1）打开素材 exp4_2.html，熟悉 HTML 代码。

（2）按照例题的逐条要求，写出相应的 CSS 规则，并查看浏览效果。

（3）对照效果调整相关元素的边框和外边距的属性值，参考的 CSS 的规则如图 4-11(b)
所示。

```
...
<div class="d1">
    1号 div：<br />
    宽:200px；高：60px<br />
    边框厚:5px；左边距:15px;
</div>
    <div class="d2">
    2号 div：<br />
    宽、高和边框与1号div相同
<br />
    位置与1号div右对齐
</div>
<div class="d3">3号 div：<br />
    宽、高和边框与1号div相同
<br />
    位置与2号div左对齐
</div>
...
```

(a) 部分HTML代码

```
div{
    width:200px;
    height:60px;
    border:5px #03c solid;
}
.d1{
    margin-left:15px;
}
.d2,.d3{
margin-left:224px;
}
.d3{
    border-top-width:0;
}
```

(b) CSS规则

图 4-11　代码与规则对照图

说明：

（1）要保证 2 号 div 与 1 号 div 右靠齐，在设置 2 号 div 的左外边距时要考虑 1 号 div 的左外边距、左边框、宽度和右边框。

（2）2 号 div 与 3 号 div 共享一个边框，需对其进行局部调整。只要符合"2 号 div 下边框厚度＋3 号 div 上边框厚度＝5px"的原则即可。

（3）为了使各 div 的区域更明显，可以给各 div 设置不同的背景色。如将背景色设置为红色，其对应的 CSS 规则是"background-color：red；"。

例 4-3　基于素材"ch4\exp4_3.html"，按照要求设置合适的 CSS 样式，实现如图 4-12 所示的效果。要求如下。

（1）3 个 div 的大小相同，宽和高分别为 200px 和 60px；有边框的地方厚度均为 5px，线型是实线，颜色自定。

（2）1 号 div 和 3 号 div 的内边距均为 5px，2 号 div 无内边距。

（3）1 号 div 和 3 号 div 的左边距均为 15px。

（4）2 号 div 与 1 号 div 左靠齐。

1号div:内边距均为5px

2号div:无内边距

3号div:内边距均为5px

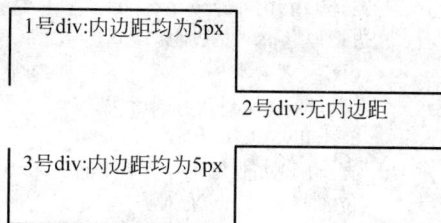

图 4-12　例 4-3 效果

例 4-3 配套素材"ch4\exp4_3.html"文件源代码：

```
<!DOCTYPE html PUBLIC "-//W3C//DTD XHTML 1.0 Transitional//EN" "http://www.w3.org/TR/xhtml1/DTD/xhtml1-transitional.dtd">
<html xmlns="http://www.w3.org/1999/xhtml">
<head>
<meta http-equiv="Content-Type" content="text/html; charset=utf-8" />
<title>练习盒子模型的相关属性</title>
<style type="text/css">
```

```
        * {margin:0;padding:0;}
    </style>
    </head>

    <body>
        <div class="d1">
            1号 div: 内边距均为 5px
        </div>
        <div class="d2">
            2号 div: 无内边距
        </div>
        <div class="d3">
            3号 div: 内边距均为 5px
        </div>
    </body>
    </html>
```

实现过程如下。

（1）打开素材 exp4_3.html，熟悉 HTML 代码。

（2）按照例题的逐条要求，写出相应的 CSS 规则，并查看浏览效果。

（3）对照效果调整相关元素的边框和外边距的属性值，部分参考的 CSS 的规则如图 4-13(b)所示。

```
...
    <div class="d1">
        1号 div ：内边距均为5px
    </div>
    <div class="d2">
        2号 div：无内边距
    </div>
    <div class="d3">
        3号 div：内边距均为5px
    </div>
...
```

(a) 部分HTML代码

```
div{
        width:200px;
        height:60px;
        border:5px #03c solid;
    }
.d1,.d3{
        padding:5px;
        margin-left:15px;
    }
.d2{
        margin-left:230px;
        border-left-width:0;
    }
.d1{
        border-bottom-width:0;
    }
.d3{
        border-top-width:0;
    }
```

(b) CSS规则

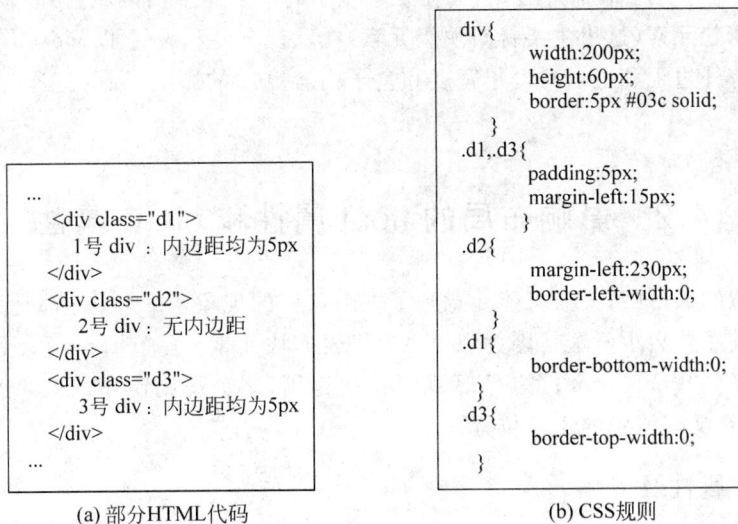

图 4-13 代码与规则对照图

说明：

（1）效果图中 1 号 div 下边框和 3 号 div 的上边框要单独设置。

（2）要保证 2 号 div 与 1 号 div 右靠齐，在设置 2 号 div 的左外边距时要考虑 1 号 div 的左外边距、左边框、左内边距、宽度和右内边距，这些都是影响 2 号 div 左外边距的因素。

使用CSS进行网页设计和布局时很多的调整工作都是在处理外边距、内边距、宽度这些与盒子模型相关的属性。

4.1.5　盒子到底有多大

许多初学者对盒子元素到底有多大总是有点含混不清,现在分两种情形讨论这个问题。

情形一:未给盒子元素设定宽度(这里主要针对块级元素),即没有给元素的width属性设定一个值。

(1)块级元素盒子的宽度会扩展到与其父元素等宽(行内元素盒子的内容宽度会与其包含的内容自适应)。

(2)若给块级盒子元素添加水平外边距,会导致块级元素盒子的内容宽度变窄。

(3)若再给块级盒子元素添加水平边框,会导致块级元素盒子的内容宽度变得更窄。

(4)若再给块级盒子元素添加水平内边距,会导致块级元素盒子的内容宽度变得更窄。

情形二:给盒子元素设定宽度,即给元素的width属性设定一个值。

(1)width属性值的大小是盒子内容的宽度,而不是盒子本身的宽度。

(2)若给盒子元素设置水平内边距会导致盒子变宽。

(3)若给盒子元素设置水平边框会导致盒子变得更宽。

(4)若给盒子元素添加外边距,会在元素盒子周围创建空白区域。

所以要清楚元素(这里主要针对块级元素)在默认宽度和设置了width属性这两种不同情形下,内/外边距和边框对盒子宽度和盒子内容宽度的影响,因为这些都是影响布局的重要因素。

4.2　影响布局的float属性和clear属性

上一小节的练习中,大家可能注意到了一个这样的现象:每个div都是另起一行,而且只设置了其左外边距。这是因为以div为代表的块元素(还有h1～h6、p、ul等),都有一个默认的诸如"float:none;"的CSS规则在起作用,这个规则产生的效果就是"元素不浮动,显示其在文档流中的正常位置"。

4.2.1　float属性及应用

float翻译成浮动,其作用是将元素从正常的文本流中"抽离",以实现元素的按需移动,而紧随它后面的元素会在空间充足的条件下向上移动环绕在浮动元素的左边或右边。

float属性的属性值及作用如下。

(1)left:元素向左浮动。

(2)right:元素向右浮动。

(3)none:默认值。元素不浮动,显示其在文档流中应出现的位置。

所谓浮动元素是指设置了"{float:left;}"或者"{float:right;}"CSS规则的元素。若按元素默认的 float 属性值 none,元素是按其在 XHTML 代码的前后顺序显示的,若要改变这种顺序,可利用浮动属性实现文本环绕图像的图文混排效果或者创建多栏布局。例如,浮动图像时,文本环绕图像;而同时浮动段落文本并给其设置一定宽度时,文本环绕效果消失而呈现两栏的布局,所以灵活应用 float 属性是利用 CSS 进行网页设计和布局的关键技能之一。这对于刚入门的读者不太好理解,下面用实例进行对比说明。

例 4-4　基于素材"ch4\exp4_4. html",设置 div 元素的 float 属性分别实现如图 4-14 所示的效果。

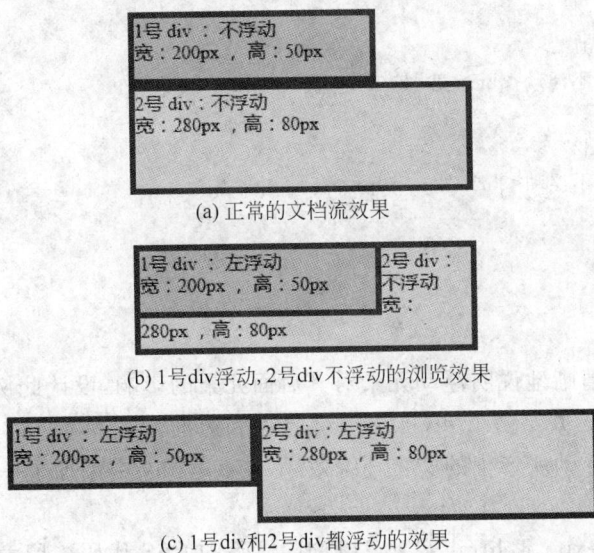

(a) 正常的文档流效果

(b) 1号div浮动,2号div不浮动的浏览效果

(c) 1号div和2号div都浮动的效果

图 4-14　三种情形浏览效果对比图

例 4-4 配套素材"ch4\exp4_4. html"文件源代码:

```
<!DOCTYPE html PUBLIC "-//W3C//DTD XHTML 1.0 Transitional//EN" "http://www.
w3.org/TR/xhtml1/DTD/xhtml1-transitional.dtd">
<html xmlns="http://www.w3.org/1999/xhtml">
<head>
<meta http-equiv="Content-Type" content="text/html; charset=utf-8" />
<title>理解和练习浮动属性</title>
<style type="text/css">
    *{margin:0;padding:0;}

    div{
        border:5px #03c solid;
    }
    .d1{
        background:#CCC;
        width:200px;
        height:50px;
    }
    .d2{
```

```
            background:＃CFF;
            width:280px;
            height:80px;
            }
        }
</style>
</head>

<body>
    <div class="d1">
        1号 div: 不浮动<br>宽: 200px , 高: 50px
    </div>
    <div class="d2">
        2号 div: 不浮动<br>宽: 280px , 高: 80px
    </div>
</body>
</html>
```

说明：

（1）为了能更清晰地说明浮动元素对其后面元素的影响，设计此例时有意将2号div的尺寸大于1号div，并给两个div设置了背景色和边框。

（2）为了说明浮动所产生的文字环绕效果，在2号div中添加了一些文字。

实施过程如下。

（1）打开素材exp4_4.html，熟悉HTML代码和CSS代码。留意body元素是类名分别为d1和d2的div元素的父元素，或者说body元素是两个div元素的包含块。浏览页面效果，如图4-14(a)所示，即按正常文档流显示。

（2）实现图4-14(b)所示的效果很简单：给类名为d1的选择器添加"float:left;"的样式声明，相应的修改HTML代码中的说明文字即可。浏览页面效果，留意到2号div的左上角与1号div的左上角重合，这就是1号div的CSS规则"float:left;"的效果，表现为：一是浮动元素1号div浮动到其所在包含块（这里是body元素）的最左边；二是跟在浮动元素1号div后面的元素2号div会忽略其存在，以致其摆放位置和其前面的浮动元素相重。这种表现的实质都是因为浮动元素（这里是1号div）已不在正常的文档流中，但是浮动元素所占据的空间还在，所以本例中2号div中文字的起始位置会受其影响。

（3）实现图4-14(c)所示的效果：给类名为d2的选择器添加属性"float:left;"的样式声明，相应的修改HTML代码中的文字即可。这是实现多栏布局的雏形，通过控制适当的内/外边距可灵活实现多栏的页面效果。

再次认识块元素的宽度，对于块元素，其宽度有如下几种情形。

（1）在默认状态下，其宽度是所在包含块的宽度，即与其父元素同宽度。

（2）若将块元素设置为浮动而且不明确设置宽度，那么其宽度与内容自适应，即宽度由其中的内容来确定。

（3）明确设置块元素的宽度，可以是绝对宽度，也可以是相对于父元素的宽度。

以＜p＞标记为例，图 4-15（a）～图 4-15（c）分别示意了上述 3 种情形的浏览效果。

体会浮动对块元素宽度的影响。
(a) p元素与父元素同宽度

体会浮动对块元素宽度的影响。
(b) 设置了浮动的p元素其宽度与内容自适应

体会浮动对块元素宽度的影响。
(c) 设置了固定宽度的p元素

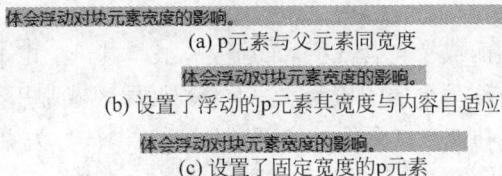

图 4-15　块元素宽度的三种情形

所有浮动元素之后的元素将会环绕这个元素，图 4-16 示意了一个段落元素跟在一个具有"float:left;"规则的 div 之后的浏览效果。

1号 div：左浮动
宽：200px，高：50px
所有浮动元素之后的元素将会环绕这个元素，如需取消这种环绕现象，需要使用clear属性，该属性用于清除侧面的浮动元素。

图 4-16　文本环绕浮动元素

4.2.2　clear 属性及应用

浮动元素可使其后面的元素向上移动环绕到它的旁边，而通过 clear 属性则可阻止后面元素向上移动到浮动元素旁边，使其显示在浮动元素的下边。如要消除图 4-16 所示的文本环绕浮动元素这种现象，需要给段落元素设置 clear 属性。

clear 属性用于清除侧面的浮动元素，其属性值和对应的作用如下。

（1）left：在左侧不允许浮动元素。

（2）right：在右侧不允许浮动元素。

（3）both：在左右两侧均不允许浮动元素。

（4）none：默认值，允许浮动元素出现在两侧。

所以只要给段落元素添加一个"clear:left;"或者"clear:both;"的样式声明，即可消除环绕的效果，浏览效果如图 4-17 所示。

1号 div：左浮动
宽：200px，高：50px
所有浮动元素之后的元素将会环绕这个元素，如需取消这种环绕现象，需要使用clear属性，该属性用于清除侧面的浮动元素。

图 4-17　利用 clear 属性清除浮动元素

实际应用中经常会遇到需要取消环绕现象的情形。除了采取实现如图 4-17 所示效果的方式，即给需要取消环绕现象的元素添加一个"clear:left;"或者"clear:both;"的样式声明，在实际中用得更多的处理方式是在需要取消环绕现象的元素（如这里的段落元素）之前增加一个无内容的 div 元素，并添加 class 属性，如"＜div class＝"clear"＞＜/div＞"，然后给该 div 添加如".clear{clear:left;}"或者".clear{clear:both;}"的样式声明，这样该 div 就可以复制到任何需要取消环绕现象的元素之前，这种方式在实际中经常被使用，希望读者也试着这样去应用。

至此认识了盒子模型与相关属性以及控制布局的 float 属性和 clear 属性,但深入的理解需要一个边做边理解的过程,接下来综合利用这些属性来完成稍微复杂一些的布局实例和练习。

页面无论其效果如何绚丽或者包含几栏,布局上一般是基于上中下这种框架结构,即在页面的顶部通常有一个被称为页眉的横跨水平区域,页眉区域常用于展示网站所有者的 Logo、品牌宣传和导航等功能;在页面的底部通常有一个被称为页脚的区域,用于友情链接、版权所有和法律宣传等;介于页眉和页脚的区域是主内容区,风格是通过效果来体现的。本章余下的内容都是基于这种上中下结构的布局和实现。

例 4-5   基于素材"ch4\exp4_5.html",设置各 div 元素的属性,实现如图 4-18 所示的浏览效果。

要求如下。

(1) 各 div 的尺寸按参考图中的文字说明,单位均为 px。

(2) 页面整体居中。

(3) 中间的 3 栏间距均匀。

(4) 为区分各 div,可给 div 添加 background 或者 background-color 属性设置背景色,如将背景色设置为红色的样式声明是:"background:red;"或者"background-color:red;"。

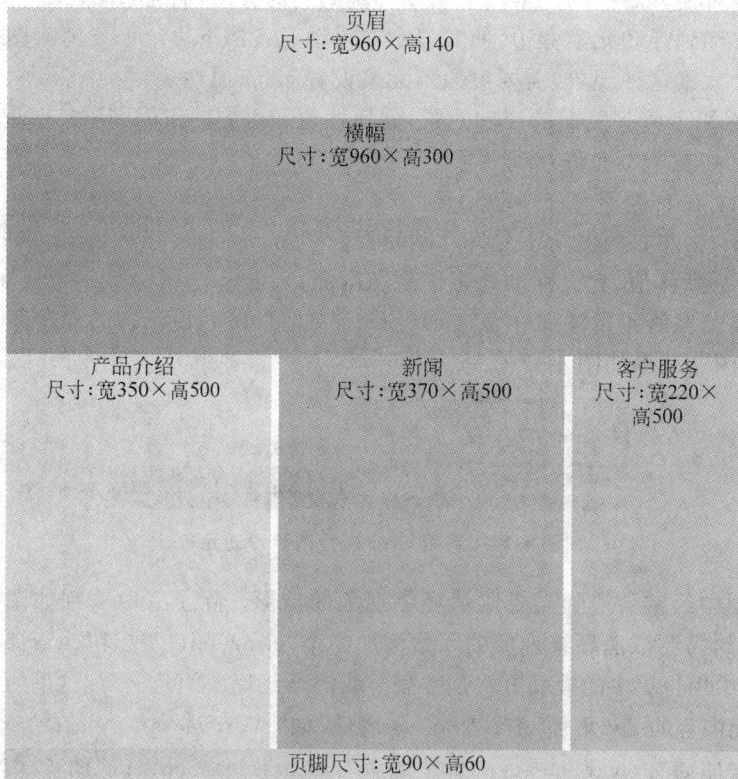

图 4-18   固定宽度的 3 栏布局

例 4-5 配套素材"ch4\exp4_5.html"文件源代码：

```
<!DOCTYPE html PUBLIC "-//W3C//DTD XHTML 1.0 Transitional//EN" "http://www.
w3.org/TR/xhtml1/DTD/xhtml1-transitional.dtd">
<html xmlns="http://www.w3.org/1999/xhtml">
<head>
<meta http-equiv="Content-Type" content="text/html; charset=utf-8" />
<title>练习固定宽度的 3 栏布局</title>
</head>
<style type="text/css">
  * {text-align:center;
     font-size:24px;
    letter-spacing:25px;
    margin:0;padding:0; border:0;
  }
  span{

    letter-spacing:normal;
  }
</style>

<body>
<div id="wrapper">
   <div id="header">页眉<br /><span>尺寸：宽 960×高 140</span></div>
   <div id="banner">横幅<br /><span>尺寸：宽 960×高 300</span></div>
   <div id="content">
       <div id="introduction">产品介绍<br /><span>尺寸：宽 350×高 500</span> </div>
       <div id="support">客户服务<br /><span>尺寸：宽 220×高 500</span></div>
       <div id="news">新闻<br /><span>尺寸：宽 370×高 500</span></div>
   </div>
   <div class="clear"></div>
   <div id="footer">页脚<span>尺寸：宽 960×高 60</span> </div>
</div>
</body>
</html>
```

实施过程如下。

(1) 熟悉代码结构,本页面的代码层次结构如图 4-19 所示。

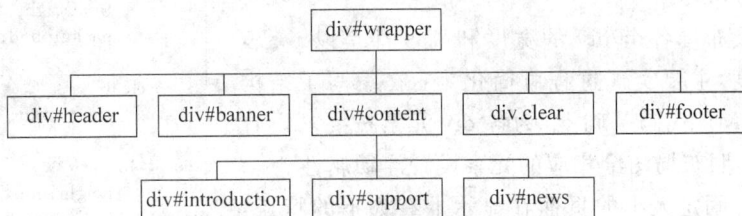

图 4-19　代码层次图

（2）给各 div 设置不同的背景色来区分，设置背景色的样式声明是："background：颜色值；"或者"background-color：颜色值；"，通过改变"颜色值"来设置不同的颜色，浏览效果。

（3）观察在未设置宽度和浮动的情形下，各 div 会保持与浏览器窗口等宽且互相堆叠在一起。

（4）给各 div 按图中要求设置宽度和高度属性，并浏览效果，其中 div♯header、div♯banner 和 div♯footer 元素按照与父元素等宽的原则的默认样式显示其宽度（无须设置其 width 属性），当然其前提是设置了父元素 div♯wrapper 的宽度值。

（5）设置中间三栏的布局：一行要放置多个块元素，就必须将相关块元素设置为浮动元素。本例中考虑到 div♯support 元素置于右侧，而其对应的 HTML 代码是在元素 div♯news 之前，所以给 div♯support 添加"float：right；"的样式声明，其余两栏均为"float：left；"。其次中间三栏的总宽度是：350＋370＋220＝940，而页面总宽度为 960，余：960－940＝20，按"3 栏间距均匀"的要求，两两相隔 10，所以只需给 div♯news 添加"margin-left：10px；"或者给 div♯introduction 添加"margin-right：10px；"即可，浏览效果。

（6）若 div♯footer 不显示，则给 div. clear 添加"{clear：both；}"的样式声明以清除其两侧的浮动元素。部分参考 CSS 代码如图 4-20 所示。

关于外边距对布局影响的几点说明如下。

（1）外边距在水平方向是累加的。即如果要求两个水平相邻元素之间的水平间距是 20，理论上只要按照"左边元素的右外边距＋右边元素的左外边距＝20"的原则设置即可。对于低版本的浏览器如 IE 6，为了取消双倍外边距，有必要给相应的块元素添加"display：inline；"的样式声明，不过对当下的浏览器已无此必要了。

（2）外边距在垂直方向是不累加的，按"取较大值"原则确定垂直方向的外边距。即对于两个垂直相邻的元素，若上方元素的下边距是 20px，而下方元素的上边距是 25px，那么按"取较大值"的原则，这上下相邻元素的垂直间距是 25px。

本例涉及布局各个 div 的宽度和高度都是以 px 表示的特定宽度，主要实现过程可简化为：在编写了结构清晰的 XHTML 代码基础上，为各 div 元素按要求设置大小；然后参照布局图给相应的元素设置浮动属性。

对于这种固定大小的页面在显示上有如下的特点：如图 4-18 所示的页面如在水平分辨率为 800 的浏览器上显示，浏览器会显示一个水平的滚动条；如在水平分

```
♯wrapper{
    width:960px;
    margin:5px auto;
}
♯header{
    height:140px;
    background:♯CFF;
}
♯banner{
    height:300px;
    background:♯9CF;
}
♯newproduct{
    height:500px;
    background:♯ffc;
}
♯content{
    background-color:♯fff;
}
♯introduction{
    width:350px;
    height:500px;
    float:left;
    background:♯ff6;
}
♯news{
    float:left;
    height:500px;
    width:370px;
    margin-left:10px;
    background:♯CCF;
}
♯support{
    height:500px;
    width:220px;
    float:right;
    background:♯FCF;
}
.clear{
    clear:both;
}
♯footer{
    height:60px;
    background:♯CFF;
}
```

图 4-20　例 4-5 的部分参考代码

辨率大于 1300 的浏览器上显示,那么在左右两侧会留下大量的空白。对于这种固定大小的页面,对放入其中的内容也需要求,就是要求内容恰如其分。当然这种固定大小的页面其最大的好处是简单可控。

在实际的网页设计中,除页眉、页脚和导航栏等模块的部分尺寸比较明确外,网页内容的宽度和高度是比较灵活的,这种灵活性一方面体现在页面中内容所占的容积,另一方面体现在对于不同分辨率的浏览器,其显示的宽度也不一样,这时需要容器的宽度有更大的灵活度,这就是所谓流动布局的特点,所以在实际中一般是固定和流动混合搭配。

4.3　多栏固定/流动混合布局

前一小节尝试了固定布局,其特点用 px 为单位表示宽度,由于太没有灵活性在实际中很少采用。与之相对的是不固定布局,又称流动布局,与之相应的表示宽度的单位是百分比,流动布局使得页面能够随着浏览器窗口的大小调整而平滑地发生变化,这样的灵活性就可使得网页能比较好地显示在较低或较高分辨率的屏幕,但是纯粹的流动布局需要花费大量的时间和精力调试使网页适合各种分辨率的浏览器,所以考虑效果和成本之间匹配,在实际中常采用固定/流动混合布局。如图 4-21 所示页面中间部分就是采用左栏固定,右栏流动的布局,图中示意了具有流动布局特点的网页在大小不同屏幕上的显示效果。

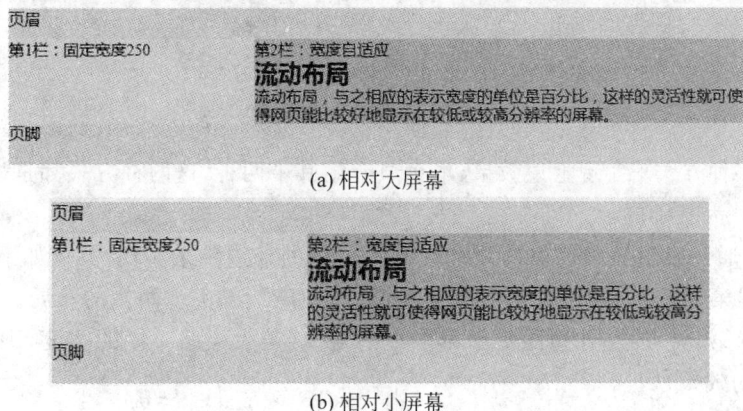

图 4-21　具有流动布局特点的页面效果

4.3.1　两栏的混合布局

两栏混合布局首先是两栏并排显示,混合就是指其中一栏是宽度固定,一般用于放置导航或者注册之类的内容,而另一栏的宽度则是不固定的,即该栏的宽度随浏览器窗口大小的变化而调整,又称宽度自适应,常用于放置页面的主内容。

假设页面主要部分的 HTML 代码如图 4-22 所示(基于素材"ch4\图 4-22.html")。

```
<div id="wrapper">
    <div id="header">页眉</div>
    <div id="content">
        <div id="one">第1栏：固定宽度200</div>
        <div id="two">第2栏：宽度自适应</span> </div>
    </div>
    <div class="clear" ></div>
    <div id="footer">页脚 </div>
</div>
```

图 4-22   页面两栏布局代码

这是比较典型的两栏页面布局相应的 HTML 代码，对应的层次结构如图 4-23 所示。

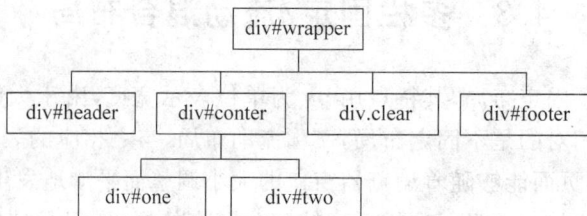

图 4-23   两栏布局代码结构图

假设要求中间内容栏中第 1 栏是固定宽度（如 200px），第 2 栏是可变的流动宽度，实现如图 4-24 所示的效果。

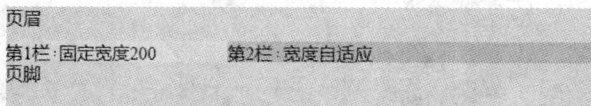

图 4-24   两栏页面布局效果

可采用多种方式来实现上述效果，本小节介绍其中两种，这两种方式都是以素材"ch4\图 4-22.html"为基础的。

方式 1：通过设置其中一栏的浮动性和另一栏的外边距来实现，具体如下。

（1）设置第 1 栏左浮，让其从当前文本流中"抽离"，以实现两栏的布局。

（2）设置第 2 栏的左外边距等于第 1 栏的宽度（若大于第 1 栏的宽度，则在两栏之间可产生间隙的效果）。

（3）对应的 CSS 规则如图 4-25 所示。

方式 2：将两栏都设置为浮动，并通过设置它们所在父容器的内边距来配合，具体如下。

（1）设置父容器 div # content 的左内边距为 200px，即第 1 栏的宽度。

（2）设置第 1 栏左浮，左外边距为 -200px，以实现第 1 栏与父容器左边靠齐的效果。

（3）设置第 2 栏左浮，宽度 100%（很重要），以实现浮动元素第 2 栏与父容器宽度的自适应而不是与内

```
#one{
    float:left;
    width:200px;
    background: #ff6;
}
#two{
    margin-left:200px;
    background: #CCF;
}
```

图 4-25   一种实现两栏混合浮动的 CSS 规则

容的自适用（最好对比一下不设置宽度 100％的情形）。

（4）对应的 CSS 规则如图 4-26 所示。

```
#content{
    padding-left: 200px;
}
#one{
    float:left;
    margin-left:-200px;
    width:200px;
    background: #ff6;
}
#two{
    float:left;
    width:100%;
    background: #CCF;
}
```

图 4-26　另一种实现两栏混合浮动的 CSS 规则

若仅针对上述的两栏布局效果，方式 2 与方式 1 相比，略显复杂一些，但是方式 2 对于理解盒子模型的内边距、外边距和宽度属性是有帮助的，更重要的是对于三栏、四栏等多栏的混合布局，方式 2 更能体现其优越性。

4.3.2　高度方向的等高自适应

在测试上一小节第 2 栏的宽度自适用时，缩小浏览器窗口的大小，会出现如图 4-27 所示的效果。

图 4-27 所示的效果呈现的特征是：各栏目的高度由所包含的内容来确定，即当浏览器窗口缩小到某一程度时，第 2 栏中的内容会自动换行，从而增加第 2 栏的高度（如与图 4-24 相比，图 4-27 中第 2 栏的宽度变窄而高度由 1 行增加到 3 行），但第 1 栏的高度未发生变化，借由第 1 栏的背景可清晰看到，这不是想要的效果。

理想的情形是：中间部分的两栏能够实现如图 4-28 所示的等高自适应效果。

（a）浏览器窗口较大时

（b）浏览器窗口较小时

图 4-27　第 1 栏的高度不变　　　图 4-28　两栏等高自适应的效果

基于素材"ch4\图 4-28.html"实现页面中间部分两栏等高自适应的过程如下。

（1）给第 1 栏和第 2 栏设置一个数值大得看似荒谬的下内边距和下外边距，如分别为 1000px 和 −1000px，浏览效果。注意这个数值的大小可随内容多少来增减，总的原则一是足够大，二是下外边距为负。

（2）若希望页脚能显示，给页脚添加一个 {position:relative;} 的样式声明，再一次浏览效果（这一步骤用于初学者的调试，熟练以后可略去）。

（3）给第 1 栏和第 2 栏的父容器添加一个 {overflow:hidden;} 的样式声明。

（4）对应的 CSS 规则如图 4-29 所示。

```
#content{
    overflow:hidden;
    padding-left:200px;
}

#one, #two{
    padding-bottom: 1000px;
    margin-bottom:-1000px;
}
```

图 4-29　设置两栏等高的关键 CSS 规则

这种思路不仅对两栏有效，同样适合于三栏、四栏等在高度上要求等高的自适应。图 4-29 所示的 CSS 规则中用到了溢出属性 overfloat。

4.3.3　溢出属性 overflow

XHTML 中的每个元素都可以看成一个盒子，当这个盒子所在的矩形区域设置得太小，以至容不下其中的内容（一般是文本）时，就会产生溢出。overflow 属性就是用于控制元素如何处理溢出内容的属性。其主要属性值和对应的作用如下。

（1）visible：默认值。内容不会被修剪，溢出部分会显示在元素区域外。

（2）hidden：内容会被修剪，溢出部分是不可见的。

（3）scroll：内容会被修剪，总会显示滚动条以查看溢出部分。

（4）auto：内容会被修剪，按需显示滚动条以查看溢出部分。

图 4-30(a)～图 4-30(d) 分别显示了将元素的 overflow 属性设置为 visible、hidden、scroll 和 auto 时对所含内容显示的影响。为更清晰地说明问题，将元素的宽度和高度属性设置为某一个固定值，同时给元素设置了边框。

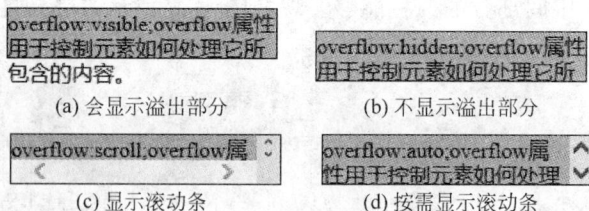

(a) 会显示溢出部分　　　　(b) 不显示溢出部分

(c) 显示滚动条　　　　(d) 按需显示滚动条

图 4-30　overflow 属性的 4 种显示效果

4.3.4　三栏的混合布局

若布局的三栏都是固定宽度（如本章例 4-5 和练习 4-5 的情形），只要给各栏设置给定的宽度，然后设置各栏的浮动属性即可。

在实际的网页设计中典型的三栏布局通常是其中两栏宽度固定，另一栏宽度自适用，即所谓的三栏混合布局，效果如图 4-31 所示。可以沿用 4.3.2 小节中的思路来解决，本小节仍介绍其中两种解决的方式。

图 4-31 三栏混合布局效果图

方式 1：基于素材"ch4\图 4-32.html"，假设页面主要部分的 HTML 代码如图 4-32
所示。

```
<div id="wrapper">
    <div id="header">页眉</div>
    <div id="content">
        <div id="one">第 1 栏:固定宽度 120px </div>
        <div id="two">第 2 栏: 宽度自适应</div>
        <div id="three">第 3 栏: 固定宽度 200px </div>
    </div>
    <div class="clear" ></div>
    <div id="footer">页脚 </div>
</div>
```

图 4-32 页面三栏布局代码

对应的层次结构如图 4-33 所示。

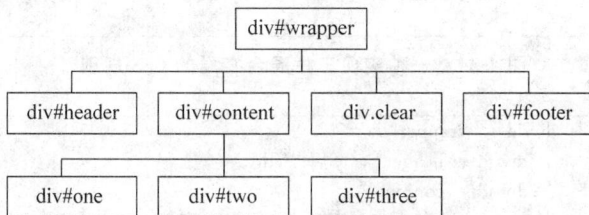

图 4-33 三栏布局代码结构图

总的思路是：将三栏都设置为浮动，设置它们所在父容器的左、右内边距，具体如下。

(1) 设置父容器 div♯content 的左、右内边距分别为 120px 和 200px，即第 1 栏和
第 3 栏的宽度。

(2) 设置第 1 栏左浮，左外边距为－120px，以实现第 1 栏与父容器左边靠齐的效果。

(3) 设置第 2 栏左浮，宽度 100%。

(4) 设置第 3 栏右浮，右外边距为－200px，以实现第 3 栏与父容器右边靠齐的效果。

(5) 中间三栏在高度方向的自适应对齐与上一小节的处理方式相同。

(6) 对应的 CSS 规则如图 4-34 所示。

该方式与 4.3.2 小节中的方式 2 是一脉相承的，特点是 HTML 代码简洁，灵活性强，
希望读者能理解并应用到实际的页面设计中。

方式 2：类似于 4.3.2 小节中的方式 1，总体上是按基于两栏的思路来处理，即通过设置
其中一栏的浮动性和另一栏的外边距来实现。实际的三栏通过嵌套来处理，下面基于素材
"ch4\图 4-35.html"来介绍该方式。假设素材页面主要部分的 HTML 代码如图 4-35 所示。

```
#content{
    padding:0 200px 0 120px;
    overflow:hidden;
}
#one,#two,#three{
    padding-bottom:2000px;
    margin-bottom:-2000px;
}
#one{
    float:left;
    margin-left:-120px;
    width:120px;
    background:#ff6;

}
#two{
    float:left;
    width:100%;
    background:#CCF;
}
#three{
    float:right;
    margin-right:-200px;
    width:200px;
    background:#FCF;
}
```

图 4-34 一种实现三栏混合布局的 CSS 规则

```
<div id="wrapper">
    <div id="header">页眉</div>
    <div id="content">
        <div id="one">第1栏:固定宽度120px</div>
        <div id="main">
            <div id="three">第3栏:固定宽度200px</div>
            <div id="two">第2栏:宽度自适应</div>
        </div>
    </div>
    <div class="clear"></div>
    <div id="footer">页脚</div>
</div>
```

图 4-35 页面三栏布局代码

上述代码对应的层次结构如图 4-36 所示。

具体实现如下。

(1) 设置第 1 栏(#one)左浮,宽度是 120px。

(2) 设置第 2、3 栏(#main)的左外边距等于第 1 栏的宽度,这里是 120px。

(3) 设置第 3 栏(#three)右浮,宽度是 200px。

(4) 设置第 2 栏(#two)的右外边距等于第 3 栏的宽度,这里是 200px。

(5) 高度方向的自适应对齐与上一小节的处理方式相同。

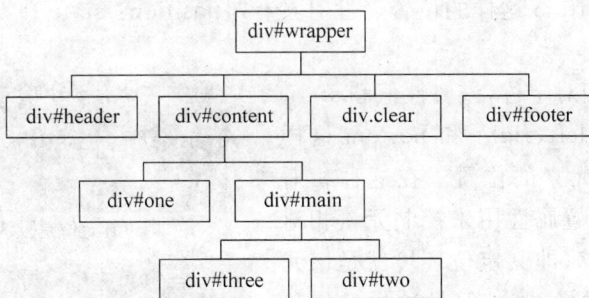

图 4-36　三栏布局代码结构图

（6）对应的 CSS 规则如图 4-37 所示。

```
#content{
    overflow:hidden;
}
#one,#two,#three{
    padding-bottom:2000px;
    margin-bottom:-2000px;
}
#one{
    float:left;
    width:120px;
    background:#ff6;


}
#main{
    margin-left:120px;
}
#two{
    margin-right:200px;
    background:#CCF;
}
#three{
    float:right;
    width:200px;
    background:#FCF;
}
```

图 4-37　CSS 规则

4.3.5　定位属性 position

　　position 属性是 CSS 布局的核心，该属性用于确定元素所在的盒子在页面定位时的参照元素，即所谓的定位环境。

　　position 属性的主要属性值和对应的作用如下。

　　（1）static：默认值。其特点是元素按其在 XHTML 代码中的前后位置顺序显示，块元素独占一行，而行内元素紧跟前一个元素水平显示，如图 4-38(a)所示。其特点是：像

top、left、right 和 bottom 这样的位置属性对具有"｛position：static；｝"样式声明的元素不起作用。

（2）relative：相对定位，该属性值和 static 的最大区别是 top、left、right 和 bottom 这样的位置属性会影响元素的位置。在这种相对定位样式下，这些位置属性用来控制元素相对于其原始位置的偏移（即其定位环境就是该元素在正常文档流中的位置），但是这样的偏移不影响其后续元素的位置，如图 4-38（b）所示。

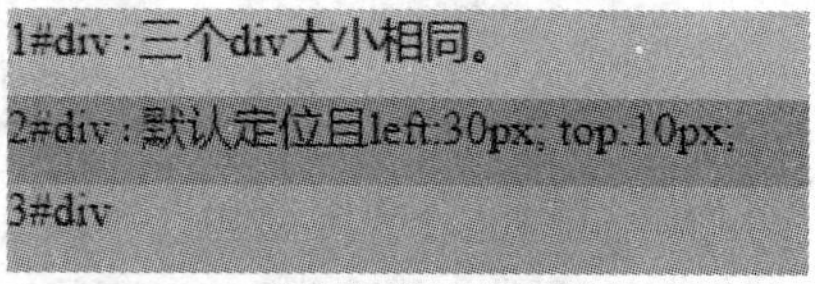

(a) 定位是默认的情形

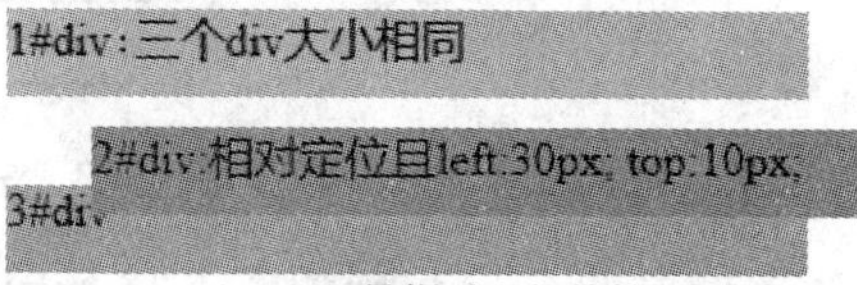

(b) 2#div 是相对定位的情形

图 4-38　默认定位与相对定位的对比

从图 4-38 可以看出，对于相对定位的元素，若不设置其 top、left 等位置属性，其在布局中的位置与默认定位相同，但是其最大的功能是：相对定位了的元素可以作为其子元素的定位环境，认识到这点非常重要。

（3）absolute：绝对定位。这是比较复杂的定位方式，现从以下几个方面来解读。

① 绝对定位的定位环境就是元素最近的且具有"｛ position：relative；｝"或者"｛ position：absolute；｝"样式声明的祖先元素（可以是父元素，也可以是祖父元素或者祖祖父元素），若没有符合这样条件的祖先元素，那么就相对于 body 元素来定位。

② 绝对定位的元素会忽略 float 属性，即 float 属性的设置对绝对定位元素不起作用。

③ top、left、right 和 bottom 这样的位置属性值是参照定位环境的。

④ 若给元素添加了"｛position：absolute；｝"的样式声明，就将该绝对定位元素从正常的文档流中"抽离"，其产生的效果一方面是使其后续元素的位置上移，完全忽略绝对定位元素的存在；另一方面影响绝对定位元素本身的宽度，即在未指定绝对定位元素宽度的情形下其宽度是按"内容自适应"原则。如图 4-39（b）所示的 1♯div 采用绝对定位，其后续元素 2♯div 就当 1♯div 不存在，而与父容器的左上角靠齐显示，同时 1♯div 的宽度是内容自适应。在实际的页面布局中一般对局部容器（如页眉、页脚和 2 级菜单等）内的元素使用绝对定位，其诀窍就是对需要绝对定位元素的父容器添加"｛position：relative；｝"的样式声明作为其定位环境，以达到定位精准高效且不影响其他元素的效果。

(a) 定位是默认的情形

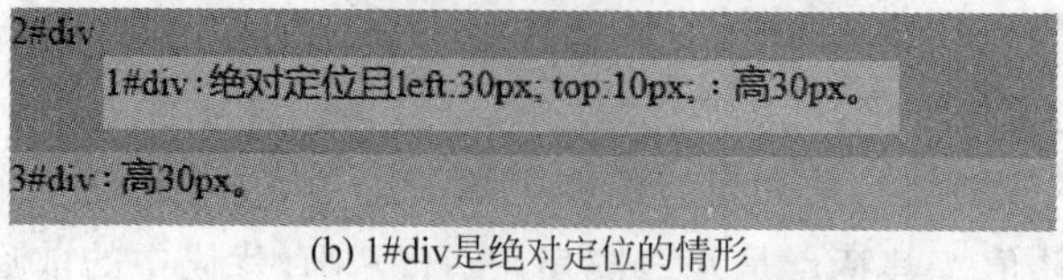

(b) 1#div 是绝对定位的情形

图 4-39　默认定位与绝对定位的对比

⑤ 当多个绝对定位的元素重叠时,通过设置属性 z-index 的值来决定上下顺序,规则是"z-index 属性值较大的元素在 z-index 属性值较小的元素上面",如图 4-40 所示,图中的三个 div 都是绝对定位,其中图 4-40(a)是没有给元素设置 z-index 属性的浏览效果,按各个 div 在 XHTML 代码的前后顺序,最后面的元素显示在最上面;而图 4-40(b)是给 1♯div、2♯div 和 3♯div 分别添加了"{z-index:3;}"、"{z-index:2;}"、"{z-index:1;}"样式声明后的显示效果,1♯div 元素的 z-index 属性值最大,所以显示在最上面。

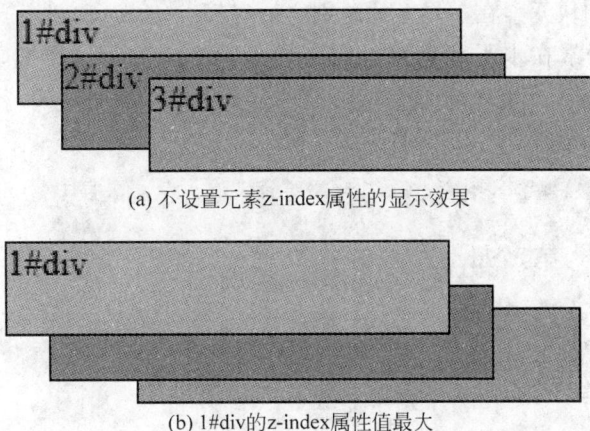

(a) 不设置元素z-index属性的显示效果

(b) 1#div的z-index属性值最大

图 4-40 属性 z-index 决定重叠的绝对定位盒子的显示顺序

(4) fixed:固定定位。其定位环境是视口,即浏览器或者屏幕。当页面滚动时,采用固定定位的元素不会随屏幕移动,常利用固定定位元素来创建一个与页面滚动无关的导航条。如"{position:fixed; left:40px; top:60px;}"的样式声明就是表示相对于浏览器窗口左下方位置分别为 40px 和 60px 定位,采用该 CSS 规则的元素不会随页面滚动条的滑动而移动。

4.3.6 显示属性 display

每一个 XHTML 元素都有一个默认的 display 属性值"block"或"inline",像<h1>~<h6>、<p>、<ul>和<div>等块级元素其默认的 display 属性值为"block",使得它们在默认样式下,每个元素另起一行,在高度方向以堆叠的排列方式显示;而<a>、<span>和<img>等行内元素其默认的 display 属性值为"inline",使得它们在水平方向并排显示,只有当前一行没有足够的空间时才会显示到下一行。

display 属性可用于实现行内元素和块元素之间的转换,display 属性的主要属性值和对应的作用如下。

(1) block:将元素转换为块级元素,一般对以 a 元素为代表的行内元素使用。

(2) inline:将元素转换为行内级元素,一般对块级元素使用。

(3) none:使元素及嵌套在其中的任何元素都不显示在页面,且该元素所占的任何空间也会被移除,这和"{visibility:hidden;}"的样式声明所产生的隐藏元素效果是一样的,但保留元素所占空间的效果是不一样的。

"一切元素皆为盒子",本章前面绝大部分内容都在讨论块级元素盒子,现在介绍一下行内元素盒子的特点,a 和 span 等元素称为"行内元素",它们的内容显示在行中,即"行内盒子",行内盒子在一行中水平并排显示,行内盒子具有的特点如下。

(1) 可使用水平方向上的内边距、边框和外边距调整行内盒子在水平方向所占的空间,即影响行内盒子在水平方向的布局。

(2) 垂直方向上的内边距、边框和外边距是不影响行内盒子在垂直方向上所占的空间的,或者说行内盒子在垂直方向的布局不受垂直方向上的内边距、边框和外边距的影响,这是行内元素和块元素在布局上的差别之一。图 4-41(a)和图 4-41(b)对比了内边距和外边距对行内元素在水平和垂直方向布局上所产生的不同影响,其中图 4-41(a)的 span 元素设置了"{padding:0; margin:0;}"的样式声明,图 4-41(b)的 span 元素设置了"{padding:5px; margin:10px; }"的样式声明。

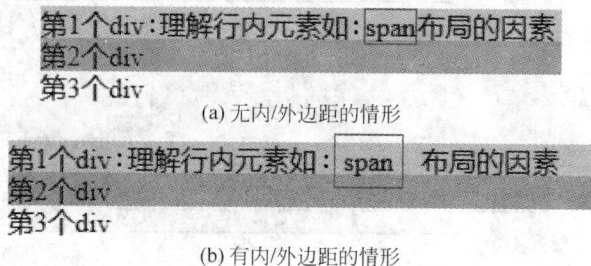

第1个div:理解行内元素如:span布局的因素
第2个div
第3个div

(a) 无内/外边距的情形

第1个div:理解行内元素如: span 布局的因素
第2个div
第3个div

(b) 有内/外边距的情形

图 4-41　内/外边距对行内元素在水平和垂直方向布局影响对比

但是行内元素所在行的高度受行高 line-height 属性的影响,图 4-42(a)和图 4-42(b)是不同行高情形下行内元素所在行的高度,其中图 4-42(a)的 span 元素设置了"{line-height: 15px; }"的样式声明,图 4-42(b)的 span 元素设置了"{line-height:30px; }"的样式声明。

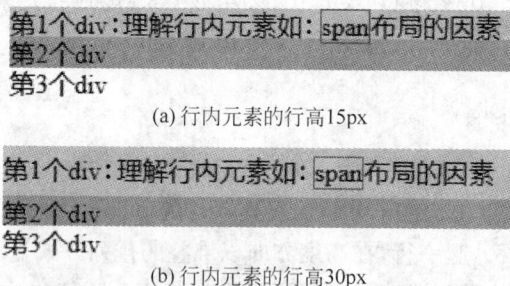

第1个div:理解行内元素如:span布局的因素
第2个div
第3个div

(a) 行内元素的行高15px

第1个div:理解行内元素如:span布局的因素
第2个div
第3个div

(b) 行内元素的行高30px

图 4-42　行高对行内元素的影响

例 4-6　基于素材"ch4\exp4_6.html",利用盒子模型中的相关属性设置图 4-43(b)所示的效果(或参照图片文件 exp4_6.jpg),并利用 display 属性扩大超链接的单击区域与标题 h4 等宽(注意不要修改 h4 的样式)。

例 4-6 配套素材"ch4\exp4_6.html"文件源代码:

```
<!DOCTYPE html PUBLIC "-//W3C//DTD XHTML 1.0 Transitional//EN" "http://www.
w3.org/TR/xhtml1/DTD/xhtml1-transitional.dtd">
<html xmlns="http://www.w3.org/1999/xhtml">
<head>
```

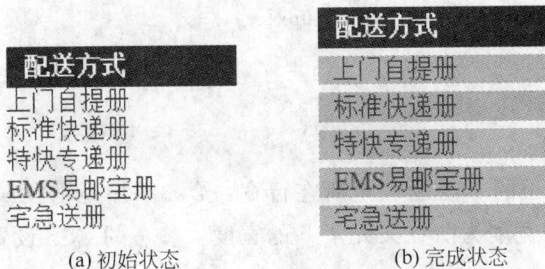

(a) 初始状态　　　　(b) 完成状态

图 4-43　例 4-6 设置前、后的效果

```
<meta http-equiv="Content-Type" content="text/html; charset=utf-8" />
<title>应用 display 属性扩大<a>标记的点击区域</title>
<style type="text/css">
    * {
        padding:0;margin:0;text-decoration:none;
        list-style:none;
        }
    body{
        padding:3px 0 0 3px;}
    h4{
        background: # A00;
            color: # fff;
            width:150px;
        text-indent:12px;
        line-height:1.6em;
    }

</style>
</head>

<body>
<h4> 配送方式 </h4>
    <ul>
        <li><a href=" # ">上门自提册</a> </li>
        <li><a href=" # ">标准快递册</a> </li>
        <li><a href=" # ">特快专递册</a> </li>
        <li><a href=" # ">EMS 易邮宝册</a> </li>
        <li><a href=" # ">宅急送册</a> </li>
    </ul>
</body>
</html>
```

实施过程如下。

(1) 查看初始状态和完成状态之间的差异：列表项之间的垂直间隔、超链接背景和悬停的背景、超链接的单击区域等(可利用给各元素设置背景来辅助设置)。

(2) 让列表与标题 h4 等宽：ul{with:150px;}。

(3) 让各列表项之间在垂直方向拉开：li{ margin-top:5px;}，具体数据仅供参考。

(4) 给<a>标记设置背景和悬停背景，并设置文字的位置：

```
a{
  background: # 9FF;
```

```
    padding-left:10px;  /* 或 text-indent:10px; */
}
a:hover{
    background:#CCC;
}
```

（5）扩充＜a＞标记的单击区域至所在行宽：给 a 添加规则"display:block;"将行内元素转换成块元素，其宽度为所在父元素 li 的宽度。参考的 CSS 设置如图 4-44 所示。

```
ul{ width:150px;
}
li{
        margin-top:5px;
}
a{
        display:block;
        background:#9FF;
        text-indent:10px;
}
a:hover{
        background:#CCC;
}
```

图 4-44　例 4-6 效果的参考 CSS 规则

例 4-7　基于素材"ch4\exp4_7"文件夹，利用 position/display 属性实现＜p＞标记位置的控制、显示与隐藏，给页面文件"exp4_7.html"设置合适的 CSS 代码使其呈现如图 4-45（b）所示的效果（或参照"ch4\exp4_7"文件夹中的图片文件 exp4_7.jpg），即＜p＞标记的介绍文字是隐藏的，当鼠标悬停在相应的位置时，介绍文字才显示。

(a) 初始效果　　　　(b) 完成效果

图 4-45　例 4-7 前后效果对比

例 4-7 配套素材"ch4\exp4_7.html"文件源代码：

```html
<!DOCTYPE html PUBLIC "-//W3C//DTD XHTML 1.0 Transitional//EN" "http://www.
w3.org/TR/xhtml1/DTD/xhtml1-transitional.dtd">
<html xmlns="http://www.w3.org/1999/xhtml">
<head>
<meta http-equiv="Content-Type" content="text/html; charset=utf-8" />
<title>体验 position/display 属性</title>
<style type="text/css">
  * {padding:0; margin:0;}
  #content{
     width:154px;
     margin:2px 0 0 50px;
  }

  div.con{
        margin-top:20px;
  }

  h3{
     text-align:center;
  }
  p{
     width:400px;
     font-size:13px;
     text-indent:2em;
  }
  div.djz p{
        background:#39F;
  }
  div.dxm p{
        background:#CCC;
  }
  div.dcy p{
        background:#6C6;
  }

  img{
        border:1px #000 solid;
        width:150px;
  }

</style>

</head>

<body>
    <div id="content">
        <div class="con djz">
```

```
        <h3>大九寨</h3>
        <img src="images/djz.gif" alt="大九寨" />
        <p>我国目前被联合国教科文组织纳入《世界自然遗产名录》的只有五处,阿坝州就占
三处,包括九寨沟风景名胜区和黄龙名胜区以及四川大熊猫栖息地的大部分。翠绿而金黄的树
 ,高峻而多姿的山  , 明丽而浓艳的水,构成九寨沟绝世之美。湖水终年碧
蓝澄清明丽见底,随着光照变化,季节推移,呈现出不同的色彩和风韵,有"黄山归来不看山,九寨
归来不看水"之说。
        </p>
        </div>
        <div class="con dxm">
        <h3>大熊猫</h3>
        <img src="images/dcy.gif"   alt="大熊猫" />
        <p>四川大熊猫栖息地于 2006 年 7 月 12 日被联合国教科文组织正式评审为世界自然
遗产地,包括卧龙、四姑娘山、小金与宝兴交界的夹金山等地,是世界上野生大熊猫数量最多的地
区,其中卧龙自然保护区是世界上最大的大熊猫保护区,它位于汶川县西南部,是中国最早建立的
国家级保护区之一,是国家和四川省命名的"科普教育基地"和"爱国主义教育基地"。</p>
        </div>
        <div class="con dcy">
        <h3>大草原</h3>
        <img src="images/dxm.gif"   alt="大草原"/>
        <p>山高水远,草长鹰飞,辽远的牧歌伴随着白云在悠远的晴空自由地飘飞。当岁月
随着古老的日落日出而流走,在这里,炊烟依然安详,羊群依旧平静,仿佛所有的静穆都是一种隐
预和暗示,这就是美丽富饶的黄河大草原。整个景区呈现出一片壮丽的景象,落日时分,登高远
眺,唯有这里才能体会到"落霞与孤鹜齐飞,秋水共长天一色"以及"长河落日圆"之神韵。
        </p>
        </div>
    </div>
</body>
</html>
```

实施过程(每添加一条声明后最好验证其对浏览效果的影响)如下。

(1)了解素材代码,并查看初始状态和完成状态之间的差异:<p>标记的按需显示/隐藏、显示位置有要求,这就是 position 属性和 display 属性的应用,悬停效果的设置就是伪类:hover 的应用。

(2)首先将介绍文字隐藏:给 p 标记添加"display:none;"的声明。

(3)设置好 p 标记的定位环境,这里将其所在的父标记作为定位环境:给 div.con 添加声明"position:relative;"。

(4)设置 p 标记为绝对定位并指定相对于定位环境的位置:给 p 标记添加声明:

```
position:absolute;
top:30px;
left:155px;
```

(5)当鼠标在相应位置悬停时,显示对应的<p>标记(即介绍文字),关键是要确认位置和位置的定位表达,分别给处于悬停状态(使用悬停伪类:hover)的容器 div.djz、div.dxm 和 div.dcy 的子元素 p 添加"display:block;"的声明;考虑到鼠标悬停在段落上(使

用悬停伪类:hover)段落仍然要显示,所以相应的 CSS 规则(以容器 div.djz 为例)是:

```
div.djz:hover p, div.djz p:hover{
  display:block;
}
```

(6) 完成图 4-45(b)效果的 CSS 规则如图 4-46 所示(注意其中的粗字体)。

```
p{
          width:400px;
          font-size:13px;
          text-indent:2em;
          display:none;
          position:absolute;
          top:30px;
          left:155px;
}
div.con{
  margin-top:20px;
  position:relative;          /*设置 p 标记的定位环境*/
}
div.djz:hover p, div.djz p:hover{
          display:block;
}
div.dxm:hover p, div.dxm p:hover{
          display:block;
}
div.dcy:hover p, div.dcy p:hover{
          display:block;
}
```

图 4-46　完成例 4-7 效果的部分参考 CSS

本章从 CSS 盒子模型开始,介绍了影响盒子元素所占空间的内/外边距、内容的宽度和边框等要素,强调 padding、margin 和 border 这些复合属性的使用,这是一种比较高效而简洁的一次表达一堆信息的方式。浮动 float 与清除浮动 clear 属性是和布局密切相关的属性,本章用大量生动的实例循序渐进地引导读者体验这些要素和属性,从而掌握网页的基本布局、多栏固定布局、多栏固定/流动混合布局以及多栏高度方向的内容自适应对齐等关键技巧;本章在比较详尽地介绍了与布局和显示密切相关的其他技能如溢出 overflow 属性、定位 position 属性和显示 display 属性的基础上,用实例的方式介绍这些属性的综合应用。接下来的几章将介绍利用 CSS 对页面内容表现的具体控制与实现。

选 择 题

(1) 影响块级元素盒子所占空间的因素是(　　)。

　　A. 宽度、内边距　　　　　　　　　　B. 宽度、外边距

　　C. 宽度、边框　　　　　　　　　　　D. 外边距、边框、宽度、内边距

（2）若有诸如"padding-top：10px；padding-bottom：15px；padding-left：20px；padding-right：5px；"的样式声明，其等效的复合声明是（　　）。

      A．{padding：10px 5px 15px 20px；}

      B．{padding：10px 15px 5px 20px；}

      C．{padding：10px 15px 20px 5px；}

      D．{padding：10px，5px，15px，20px；}

（3）要求两个 id 属性值分别为 div1、div2 的同级相邻 div 元素水平并排，且水平间距为 30px，下述不能实现该效果的 CSS 规则是（　　）。

      A．div#div1{float：left；} div#div2{float：left；margin-left：30px；}

      B．div#div1{float：left；margin-right：20px；} div#div2{float：left；margin-left：10px；}

      C．div#div1{float：left；margin-right：10px；} div#div2{float：left；margin-left：20px；}

      D．div#div2{float：left；margin-left：30px；}

（4）若给元素 div.nav 添加了"border-color：blue；border-width：2px；border-style：solid；"的样式声明，其等效的 CSS 规则是（　　）。

      A．div.nav{border：blue 2px solid；}

      B．div.nav{border：blue，2px，solid；}

      C．div.nav{border：blue- 2px solid；}

      D．div.nav{border-style：blue 2px solid；}

（5）下述关于 float 属性的说法中错误的是（　　）。

      A．一个未浮动的块级元素总是独占一行

      B．利用元素的 float 属性可以实现图文混排或者多栏布局的效果

      C．一个块级元素若不设定宽度，设为浮动后其宽度是随内容"紧缩"的

      D．一个元素设置为浮动后，对其后面元素的位置没有影响

（6）下述关于 clear 属性的说法中错误的是（　　）。

      A．clear 属性对布局的影响可以忽略

      B．元素默认的 clear 属性值 none 是允许两边出现浮动元素

      C．实际中常在需要消除浮动影响的元素之前添加一个"<div class="clear"></div>"的元素，并为该元素添加".clear{clear：both；}"的声明

      D．clear 属性的主要功能是消除浮动的影响

（7）下述关于 position 属性的说法中错误的是（　　）。

      A．在默认的 position 属性值 static 情形下，元素的位置不受位置属性 top、left 的影响

      B．位置属性 top、left 的参考点与 position 的属性值相关

      C．在任何情形下，元素的位置都受位置属性 top、left 的影响

      D．绝对定位常用于局部的情形，而且一般要明确指定其定位环境

自 主 训 练

练习 4-1：基于素材"ex4\ex4_1.html"，按照要求设置合适的 CSS 样式，实现如图 4-47 所示的效果。要求如下。

(1) 1 号 div 和 3 号 div 的大小相同，宽和高分别为 200px 和 60px；有边框的地方厚度为 5px，线型是虚线 dashed，颜色自定；左外边距均为 15px。

(2) 2 号 div 的宽和高分别为 120px 和 50px；有边框的地方厚度为 5px，线型是实线 solid，颜色自定。

(3) 2 号 div 与 1 号 div 右靠齐。

(4) 这 3 个 div 在垂直方向所占用的空间是：_____ px。

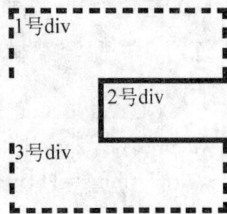

图 4-47　练习 4-1 效果图

练习 4-1 配套素材 ex4_1.html 文件源代码：

```
<!DOCTYPE html PUBLIC "-//W3C//DTD XHTML 1.0 Transitional//EN" "http://www.
w3.org/TR/xhtml1/DTD/xhtml1-transitional.dtd">
<html xmlns="http://www.w3.org/1999/xhtml">
<head>
<meta http-equiv="Content-Type" content="text/html; charset=utf-8" />
<title>练习边框和外边距的设置</title>
<style type="text/css">
    * {margin:0; padding:0;}


</style>
</head>


<body>


<div class="d1">
    1 号 div
</div>
<div class="d2">
    2 号 div
</div>
<div class="d3">3 号 div
</div>
</body>
</html>
```

练习 4-2：基于素材"ex4\ex4_2.html"，给各 div 添加合适的属性并按照要求设置合适的 CSS 样式，实现如图 4-48 所示的效果。要求如下。

(1) 1 号 div 和 3 号 div 的大小相同，宽和高分别为 80px 和 60px；有边框的地方厚度为 5px,线型是实线 solid,颜色自定。

（2）2 号 div 的宽和高分别为 120px 和 50px；边框厚度
为 5px,线型是虚线 dashed,颜色自定；左外边距均为 15px。

（3）1 号 div 对齐 2 号 div 的中线。

（4）这 3 个 div 在垂直方向所占用的空间是：_____ px。

练习 4-2 配套素材 ex4_2.html 文件源代码：

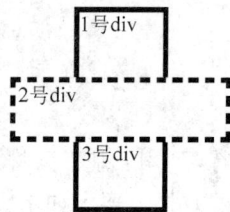

图 4-48　练习 4-2 效果图

```
<!DOCTYPE html PUBLIC "-//W3C//DTD XHTML 1.0 Transitional//EN" "http://www.
w3.org/TR/xhtml1/DTD/xhtml1-transitional.dtd">
<html xmlns="http://www.w3.org/1999/xhtml">
<head>
<meta http-equiv="Content-Type" content="text/html; charset=utf-8" />
<title>练习边框和外边距的设置</title>
<style type="text/css" >
    * {margin:0; padding:0;}


</style>
</head>


<body>


<div >
    1 号 div
</div>
<div >
    2 号 div
</div>
<div >3 号 div
</div>
</body>
</html>
```

练习 4-3：基于素材"ex4\ex4_3.html",按照要求设置合适的 CSS 样式,实现如
图 4-49 所示的效果。要求如下。

（1）1 号 div 和 3 号 div 的大小相同,宽和高分别为 80px 和 60px；有边框的地方厚度
为 5px,线型是实线 solid,颜色自定；内边距均为 5px。

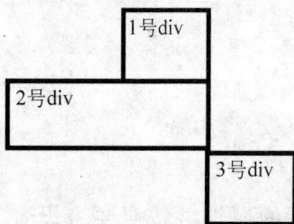

（2）2 号 div 的宽和高分别为 120px 和 50px；边框厚
度为 5px,线型是实线 solid,颜色自定；左外边距均为
15px；内边距均为 8px。

（3）1 号 div 的右侧与 2 号 div 的右侧对齐。

（4）3 号 div 的左侧与 2 号 div 的右侧对齐。

图 4-49　练习 4-3 效果图

（5）这 3 个 div 在垂直方向所占用的空间是：_____ px。

练习 4-3 配套素材 ex4_3.html 文件源代码：

```
<!DOCTYPE html PUBLIC "-//W3C//DTD XHTML 1.0 Transitional//EN" "http://www.
w3.org/TR/xhtml1/DTD/xhtml1-transitional.dtd">
<html xmlns="http://www.w3.org/1999/xhtml">
<head>
<meta http-equiv="Content-Type" content="text/html; charset=utf-8" />
<title>理解和体验盒子模型的各参数</title>
<style type="text/css">
    * {margin:0; }

</style>
</head>

<body>

<div class="d1">
    1 号 div
</div>
<div class="d2">
    2 号 div
</div>
<div class="d3">3 号 div
</div>
</body>
</html>
```

练习 4-4：基于素材"ex4\ex4_4.html"，按照要求设置合适的 CSS 样式，实现如图 4-50 所示的效果。要求如下。

(1) 各 div 的尺寸参考图中的文字说明，单位均为 px。

(2) 页面整体居中。

(3) 为区分各 div，可给 div 添加 background 或者 background-color 属性设置背景色。

练习 4-4 配套素材 ex4_4.html 文件源代码：

```
<!DOCTYPE html PUBLIC "-//W3C//DTD XHTML 1.0 Transitional//EN" "http://www.
w3.org/TR/xhtml1/DTD/xhtml1-transitional.dtd">
<html xmlns="http://www.w3.org/1999/xhtml">
<head>
<meta http-equiv="Content-Type" content="text/html; charset=utf-8" />
<title>练习布局 1</title>
</head>
<style type="text/css">
    * {text-align:center;
       font-size:24px;
```

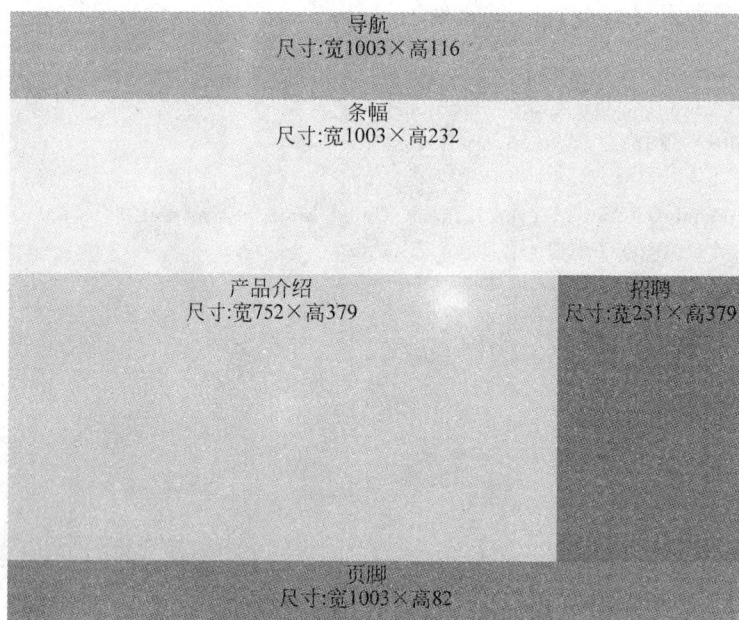

导航
尺寸:宽1003×高116

条幅
尺寸:宽1003×高232

产品介绍
尺寸:宽752×高379

招聘
尺寸:宽251×高379

页脚
尺寸:宽1003×高82

图 4-50　练习 4-4 效果图

```
        letter-spacing:25px;
        margin:0;padding:0; border:0;
    }
  span{

        letter-spacing:normal;
    }
</style>


<body>
<div id="wrapper">
<div id="nav">导航<br /><span>尺寸：宽 1003×高 116</span></div>
<div id="banner">条幅<br /><span>尺寸：宽 1003×高 232</span></div>
<div id="content">
    <div id="newproduct">产品介绍<br /><span>尺寸：宽 752×高 379</span> </div>
    <div id="job">招聘<br /><span>尺寸：宽 251×高 379</span></div>
</div>
<div class="clear"></div>
<div id="footer">页脚<br /><span>尺寸：宽 1003×高 82 </div>
</div>
</body>
</html>
```

练习 4-5：参照如图 4-51 所示的效果编写 XHTML 代码，并设置相应的 CSS 实现图示效果，要求如下。

（1）依据效果图，要求 XHTML 代码的层次分明。

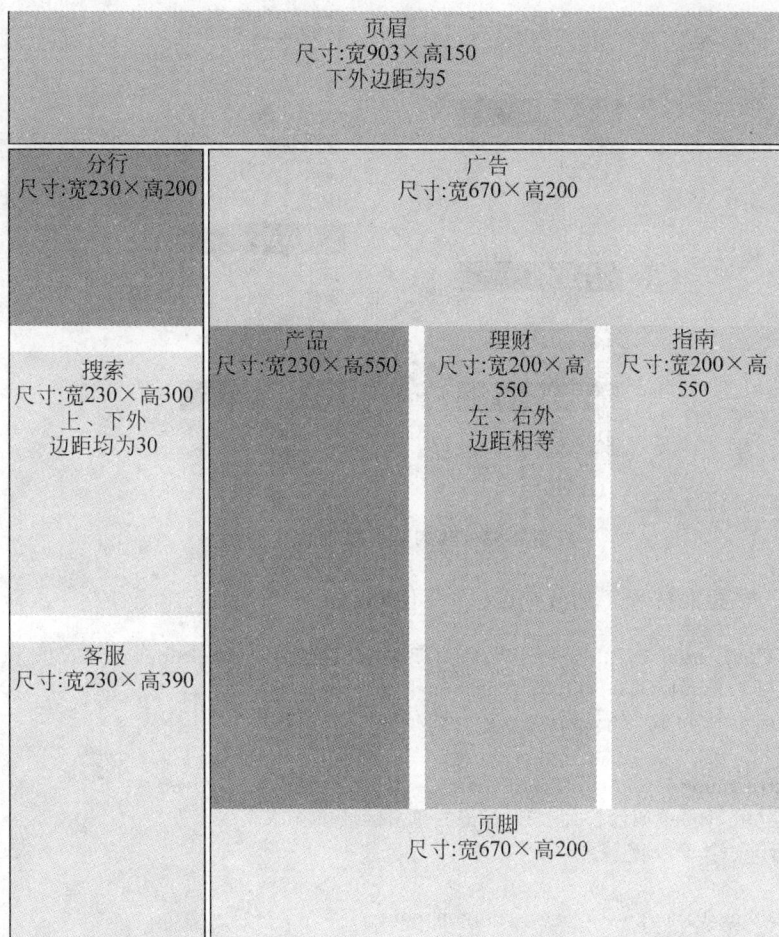

図 4-51　练习 4-5 效果图

（2）各 div 的尺寸和边距按效果图中的文字说明，单位均为 px。

（3）页面整体居中。

练习 4-6：参照如图 4-52 所示的效果图编写 XHTML 代码，并设置相应的 CSS 实现图示效果，要求如下。

（1）依据效果图，要求 XHTML 代码的层次分明。

（2）页面整体居中。

（3）第 1 栏和第 2 栏固定，宽度分别为 120px 和 150px，第 3 栏流动宽度。

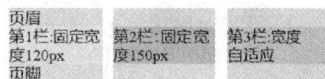

図 4-52　练习 4-6 效果图

（4）三栏在高度方向等高且自适应。

（5）尝试用不同的 CSS 规则和相应的 XHTML 实现同样的效果。

练习 4-7：基于素材"ex4\ex4_7.html"，添加适当的 XHTML 代码，并利用盒子模型中的相关属性设置图 4-53(b)所示的效果，并利用 display 属性扩大超链接的单击区域与标题 h4 等宽（注意不要修改 h4 的样式）。

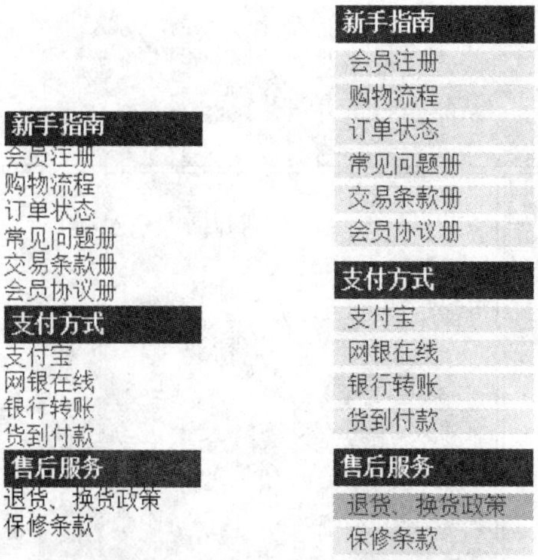

(a) 初始化状态　　　　(b) 完成状态

图 4-53　练习 4-7 前后效果图

练习 4-7 配套素材 ex4_7.html 文件源代码：

```
<!DOCTYPE html PUBLIC "-//W3C//DTD XHTML 1.0 Transitional//EN" "http://www.
w3.org/TR/xhtml1/DTD/xhtml1-transitional.dtd">
<html xmlns="http://www.w3.org/1999/xhtml">
<head>
<meta http-equiv="Content-Type" content="text/html; charset=utf-8" />
<title>应用 display 属性扩大<a>标记的单击区域</title>
<style type="text/css">
    * {
        padding:0;margin:0;text-decoration:none;
        list-style:none;
    }
    body{
        padding:3px 0 0 3px;}
    h4{
        background:#A00;
      color:#fff;
     width:140px;
        text-indent:5px;
        line-height:1.6em;
    }

</style>
</head>


<body>
    <h4>新手指南</h4>
      <ul>
        <li> <a href="#">会员注册</a></li>
        <li><a href="#"> 购物流程</a></li>
```

```
    <li><a href="#"> 订单状态</a> </li>
    <li><a href="#">常见问题册</a> </li>
    <li><a href="#">交易条款册</a> </li>
    <li><a href="#">会员协议册</a></li>
  </ul>
  <h4> 支付方式 </h4>
  <ul>
    <li><a href="#">支付宝</a> </li>
    <li><a href="#"> 网银在线</a> </li>
    <li><a href="#">银行转账</a> </li>
    <li><a href="#">货到付款</a> </li>
  </ul>

  <h4>售后服务 </h4>
  <ul>
    <li>退货、换货政策</li>
    <li> 保修条款　</li>
  </ul>
  </div>
</body>
</html>
```

练习 4-8：基于素材"ex4\ex4_8"文件夹，利用 position/display 属性实现<p>标记位置的控制、显示与隐藏，给页面文件"ex4_8.html"设置合适的 CSS 使其实现如图 4-54(b)所示的效果，即<p>标记的介绍文字是隐藏的，当鼠标悬停在相应的位置时，介绍文字才显示。

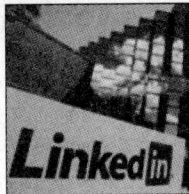

(a) 初始状态　　　　　　　　　　(b) 完成状态

图 4-54　练习 4-8 效果图

练习 4-8 配套素材 ex4_8.html 文件源代码：

```
<!DOCTYPE html PUBLIC "-//W3C//DTD XHTML 1.0 Transitional//EN" "http://www.
w3.org/TR/xhtml1/DTD/xhtml1-transitional.dtd">
<html xmlns="http://www.w3.org/1999/xhtml">
<head>
<meta http-equiv="Content-Type" content="text/html; charset=utf-8" />
<title>体验 position/display 属性</title>
<style type="text/css">
```

```
    * {padding:0; margin:0;}
    # content{
        width:200px;
        margin:2px 0 0 50px;
    }
      h4{
        text-align:center;
    }
    p{

            font-size:14px;
            text-indent:2em;
        }
        img{
            border:1px #000 solid;
            width:150px;
        }
</style>

</head>

<body>
    <div id="content">
        <h4>LinkedIn 一季度净亏损</h4>
        <img src="linkedin.jpg" alt="LinkedIn"  />
        <p> 职业社交网站 LinkedIn(领英)发布 2014 财年第一季度财报。财报显示,LinkedIn
第一季度营业收入为 4.732 亿美元,同比增长 46%;净亏损为 1340 万美元,同比转亏。
        </p>
    </div>
 </body>
</html>
```

字体和文本样式及应用实例

文字是构成网页最重要的内容之一,<h1>～<h6>、<p>标记的元素内容主要是文字,各种列表和表单等标记的元素内容也大都有文字,所以网页设计中很大一部分工作是在处理文字。一种最简单有效、最令人满意的方法就是使用字体为网页设计添加对比效果,本章的主要内容是介绍利用 CSS 来实现网页中文字的表现效果。

本章标题中所讲的字体和文本可以联想到 Office 的字处理软件 Word 中的字体和段落,即字体样式的主要属性是所属的字体或字形(如宋体、楷体等)、字体大小、颜色、粗/斜体和下划线等;而文本样式的主要属性是首行缩进、行高、字间距和对齐等,这些属性是考虑文本内部相互之间或者文本与周围之间关系的描述,只对段落或者标题这样的文本块才有意义。

5.1 字 体 样 式

字体 font 是网站内容品质最直观的表现,CSS 中用于设置字体的主要属性和描述如下。

(1) 字体族 font-family:设置文字的字体。

(2) 字体颜色 color:设置文字的颜色。

(3) 字体大小 font-size:设置文字的大小,单位可以是绝对单位 px 或者相对单位 em 或 ex。

(4) 字体加粗 font-weight:设置文字加粗的程度。

(5) 字体倾斜 font-style:设置文字是否倾斜。

(6) 字体修饰 text-decoration:设置文字是否有下划线/删除线等。

(7) 复合属性 font:可以在一条声明中包含多个的单属性值,但需符合规定。

字体样式的相关属性对应 Adobe Dreamweaver 中 CSS 对话框的"类型"选项卡,如图 5-1 所示,其中的行高 Line-height 属性归入文本样式更合适些,所以在 5.2 节中介绍。

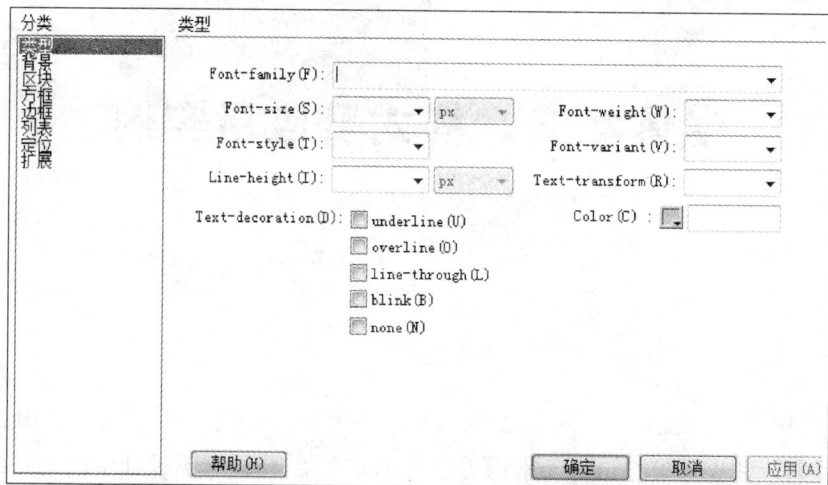

图 5-1　Dreamweaver 中 CSS 对话框的"类型"选项卡

5.1.1　字体族 font-family

CSS 用字体族 font-family 属性来设置网页文字的字体。但是必须清楚的是：字体并不属于浏览器，而是由其所在的计算机系统软件确定，网页的设计者不能预知用户的计算机中安装了哪些字体，所以通过 CSS 来指定字体，必须按照优先顺序列出字体名称（以英文逗号隔开），而且将通用字体名称（如英文的 serif 或 sans-serif，中文的宋体）放在最后备用很重要，这样至少保证浏览器按所需的字体显示。如：

body{font-family: "幼圆", "微软雅黑", "新宋体", "宋体"; }

上述 CSS 规则通过 body 标记为整个页面指定了字体，告诉浏览器：首选幼圆显示这个文档，如果没有该字体，改用微软雅黑，如果没有微软雅黑，就显示新宋体，如果连新宋体也没有，那么就用宋体。

font-family 是一个可继承的属性，即它的值会传递给其所有后代元素。为了统一页面字体风格，实际中利用 body 这个顶级标记作为选择符设置页面字体。

5.1.2　字体大小 font-size

font-size 属性用于设置页面字体的大小，设置字体大小时，属性值可使用三种类型：采用 px 为单位的绝对值、采用 em 或 % 为单位的相对值和标准预先设置好的单词（如 x-small、small、large 和 x-large 等）。有资料表明使用单词是出现问题最少的，不过使用单词需要高级的 CSS 配合，才能保证在所有浏览器上的显示一致，而且有限的单词也只能提供有限数量的字体大小。

多数浏览器对 p、span 和列表等标记默认的字体大小是 16px，h3 标题默认文本字体大小约为 19px（1.2×16px），也就是说浏器的默认字体是比较大的。

对于中文页面来说，常用的字体大小 12px、14px、16px、18px 等偶数。其中 12px 是宋体能显示的极限，虽然微软雅黑能显示更小的字体，但应用环境还不成熟。宋体基本上是目前显示中文网页唯一通用的 Web 字体,所以 12px 成为最常用的字体大小。

　　12px 的字体大小如果使用相对单位就是默认字体大小 16px 的 3/4,那么就将其设置为 0.75em,对应的就有诸如"body{font-size:0.75em;}"的 CSS 规则,这样页面的其他元素如标题元素都会按照默认值的 0.75 缩小;如使用绝对单位对应的 CSS 规则是"body{font-size:12px;}",其效果就使得页面中的所有文本大小均为 12px。

5.1.3　复合属性 font

　　使用 font 复合属性可以在一条声明中包含多个属性值,使 CSS 代码简洁,如 p{font:bold italic 100% "宋体",Arial, sans-serif;}等价于以下 4 条声明:

```
p{
    font-weight:bold;
    font-style:italic;
    font-size:100%;
    font-family: "宋体",Arial, sans-serif;
}
```

　　但是使用 font 复合属性能被浏览器正确解析的前提是必须符合以下两个规则。

　　规则 1:属性值中必须包含字体大小 font-size 和字体族 font-family 这两个属性值,并且按照"先字体大小后字体族"的前后顺序。

　　规则 2:若声明中还包含其他属性值(顺序可随意),必须确保这些属性值在字体大小属性值之前。

　　如"p{font:bold italic 100% ;}"、"p{font:bold 100% italic "宋体",Arial, sans-serif;}"等 CSS 规则就会被浏览器忽略,因为前一条声明中没有包含字体族的属性值(不符合规则 1),后一条声明中其他属性值没有放在字体大小属性值之前(不符合规则 2)。

　　以上规则可精简为"先字体大小后字体族"。

5.2　文　本　样　式

　　文本样式为标题或者段落这样的文本块设置文字之间、行之间以及对齐等样式,CSS 中用于设置文本的主要属性和描述如下。

　　(1) 行高 line-height:设置两行基线之间的距离。

　　(2) 字符间距 letter-spacing:设置字与字之间的间隔。

　　(3) 单字间距 word-spacing:设置英文中单词之间的间隔。

　　(4) 水平对齐方式 text-align:设置文本水平对齐的方式。

　　(5) 垂直对齐方式 vertical-align:设置文本垂直对齐的方式。

　　(6) 首行缩进 text-indent:设置段落或者标题的首行缩进。

　　文本样式的相关属性对应 Adobe Dreamweaver 中 CSS 对话框的"区块"选项卡,如图 5-2 所示。

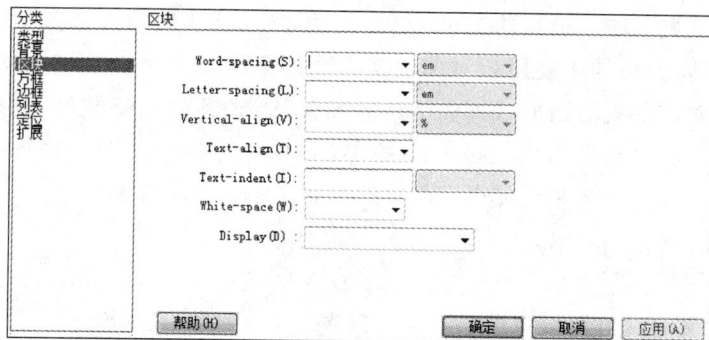

图 5-2　Dreamweaver 中 CSS 对话框的"区块"选项卡

5.2.1　行高 line-height

行高 line-height 表示行与行基线之间的距离,而不是行与行之间的空白距离,如图 5-3 所示。

图 5-3　行高示意图

一般来说行高值必须大于字体大小 2px 以上才能保证字体的完整显示或当作为链接时能显示下划线;行高高出字体大小的部分,会在文本的上方和下方平均分配,下面以一个具体的 CSS 规则来说明。

p{font-size:14px;line-height:20px;}

上述 CSS 规则的字体大小为 14px,行高为 20px,浏览器会给文字的上方和下方各加上(20-14)/2＝3px 的空白,这样对于多行文本,行与行之间会有 6px 的空白,但是对于段落文本第一行的上方和最后一行的下方则只有 3px 的空白。

浏览器的默认样式会将 line-height 设置为字体大小的 1.18 倍,这样无论字体大小,行与行之间都会保持相同比例的间距。

设置 line-height 时,推荐使用不带单位的纯数字。使用单位(如 em 或者 px)后浏览器会把 line-height 看成绝对值,这样行高就不会随着字体大小的变化而变化,而导致因为增加字体大小而使得行与行相互重叠的现象;无单位的数值则表示是所在容器字体大小的倍数,所以将 line-height 设置为无单位的纯数字是最佳选择。

以图 5-4 所示的代码为例说明设置有单位和无单位行高时的浏览效果对比。

```
<dl>
  <dt>设置 line-height 为有单位的情形</dt>
  <dd>推荐使用不带单位的纯数字,当使用单位后浏览器会把 line-height 看成绝对值,这样行高就
不会随着字体大小的变化而变化,无单位的数值则表示是所在容器字体大小的倍数。</dd>
</dl>
```

图 5-4　XHTML 代码

若给图 5-4 所示的代码添加有单位的行高 1.2em,浏览器就会将计算后的行高值 18px(15×1.2＝18px)传递给后代元素 dt 和 dd,具有如图 5-5 所示的特点。

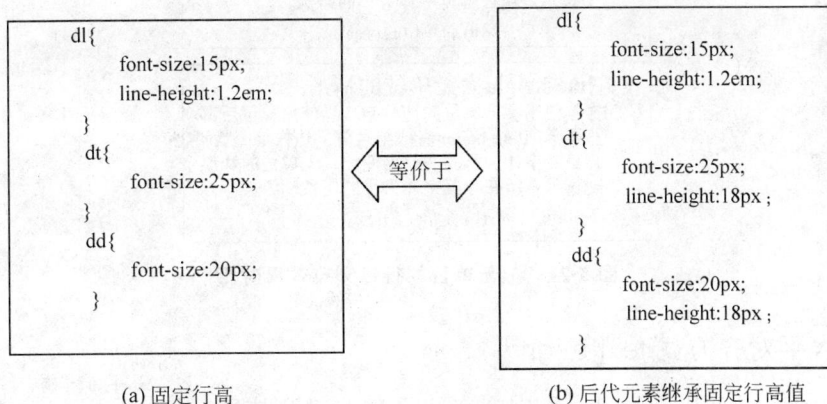

(a) 固定行高　　　　　　　　　　　(b) 后代元素继承固定行高值

图 5-5　有单位的行高值传递给后代元素

若给图 5-4 所示的代码添加无单位的行高 1.2,那么后代元素 dt 和 dd 继承了这个纯数字,然后参照这个数字和它们自身的字体大小换成行高值(即 dt 和 dd 的行高分别是:25×1.2＝30px 和 20×1.2＝24px),具有如图 5-6 所示的特点。

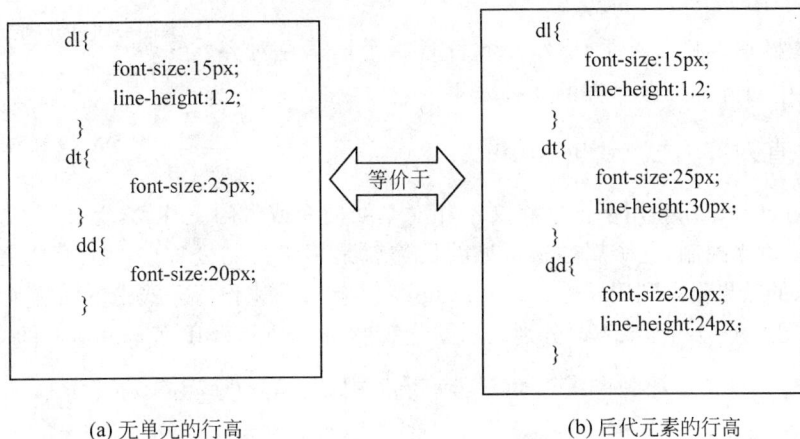

(a) 无单元的行高　　　　　　　　　　　(b) 后代元素的行高

图 5-6　无单位的行高值传递给后代元素一个纯数字

应用图 5-5 和图 5-6 这两种 CSS 规则的浏览效果分别如图 5-7(a)和图 5-7(b)所示。

复合属性 font 要遵循"先字体大小后字体族"规则,但在实际应用中很多时候都会在字体大小值上放一个可选的行高值作为字体大小的某种附加值,如:

font:12px/1.5 "宋体";

注意:为 font 属性设置行高值是可选的,但是 font 属性值中若包含了行高值,那么其放置位置就固定了,而且必须符合"字体大小和行高之间没有空格,之间只有一个斜杠"的语法规定。

设置line-height为有单位的情形

推荐使用不带单位的纯数字，当使用单位后浏览器会把line-height看成绝对值，这样行高就不会随着字体大小的变化而变化，无单位的数值则表示是所在容器字体大小的倍数。

(a) 有单位的行高

设置line-height为无单位的情形

推荐使用不带单位的纯数字，当使用单位后浏览器会把line-height看成绝对值，这样行高就不会随着字体大小的变化而变化，无单位的数值则表示是所在容器字体大小的倍数。

(b) 无单位的行高

图 5-7　有/无单位的行高浏览效果对比

5.2.2　水平对齐方式 text-align

属性 text-align 用于确定元素中文本在水平方向的对齐方式，对应的 4 个属性值如下。

(1) left：向左对齐，默认值。

(2) right：向右对齐。

(3) center：居中对齐。

(4) justify：分散对齐。

图 5-8 显示了利用属性 text-align 设置 4 个段落左对齐、右对齐、居中对齐和分散对齐的 4 种效果。

属性text-align用于确定元素中文本在水平方向的对齐属性值left：向左对齐方式

(a)

属性text-align用于确定元素中文本在水平方向的对齐属性值 right：向右对齐

(b)

属性text-align用于确定元素中文本在水平方向的对齐属性值 center：居中对齐

(c)

属性text-align用于确定元素中文本在水平方向的对齐属性值　justify：分散对齐

(d)

图 5-8　4 种对齐方式

5.2.3　垂直对齐方式 vertical-align

属性 vertical-align 用于设置将文本相对基线向上或者向下移动，上、下的方向性通过属性值的正负来控制，这个属性最常见的用途就是用于控制公式中的上标或者下标。如图 5-9 所示的效果就是利用属性 vertical-align 和 font-size 来设置公式中下标所实现的，其中图 5-9(a)、图 5-9(b) 和图 5-9(c) 分别表示浏览效果、部分 XHTML 代码和对应的 CSS。

这是利用属性vertical-align书写的反应式：$2H_2+O_2=2H_2O$

(a) 浏览效果

```
<p>这是利用属性vertical-align书写反应式：
    2H<span>2</span>+O<span>2</span>=2H<span>2</span>O
</p>
```

(b) 部分XHTML代码

```
p {
        background:#FF9;
}
span{
        vertical-align:-0.4em;
        font-size:0.75em;
}
```

(c) 对应的CSS

图 5-9　属性 vertical-align 的应用

5.2.4 首行缩进 text-indent

属性 text-indent 用于设置文本块中首行文本的起始位置,默认样式下,首行文本的起始位置与容器的左边缘靠齐,如图 5-10(a)所示。

text-indent 属性值最好以 em 为单位,这样可以与字体大小成比例变化。若为正值,则文本首行的起始位置向右移,如图 5-10(b)所示;若为负值,则向左移而伸出容器外,这时需要容器有足够的左外边距,如图 5-10(c)所示,否则文字有可能被裁掉,如图 5-10(d)所示。

属性text-indent用于设置文本块中首行文本的起始位置,默认样式下,首行的起始位置与容器的左边缘靠齐。

(a)默认样式:无首行缩进

属性text-indent用于设置文本块中首行文本的起始位置,首行的起始位置缩进2个字符。

(b) 对应"p{text-indent:2em}";

属性text-indent用于设置文本块中首行文本的起始位置向左悬挂2个字符。

(c)对应"p{text-indent:-2em;margin-left:1em}"

属性text-indent用于设置文本块中首行文本的起始位置,默认样式下,首行的起始位置与容器的左边缘靠齐。

(d)对应"p{text-indent:-2em;margin-left:2em}"

图 5-10 text-indent 的不同属性值的显示效果

属性 text-indent 在实际中的另一个应用效果是"以图换字",这里的"图"是用于加强视觉效果的背景图,"字"是指标题或者导航文字,尽可能包含网页关键词,有助于网页被搜索引擎检索。下面以一个实例的形式来说明"以图换字"的效果和实现要点。

例 5-1 基于素材 ch5\exp5-1 文件夹,给页面文件 exp5_1.html 设置合适的 CSS 而不是通过直接修改 XHTML 代码的方式完成用图片来替换页面中的文本,实现如图 5-11 所示的效果。

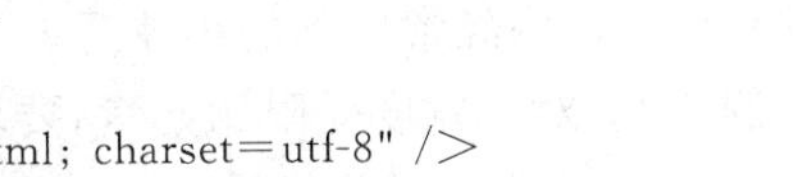

大九寨

(a) 纯标题文本 　　 (b) 图片效

例 5-1 配套素材 exp5_1.html 文件源代码: 　　**图 5-11 "以图换字"的效果**

```
<!DOCTYPE html PUBLIC "-//W3C//DTD XHTML 1.0 Transitional//EN" "http://www.
w3.org/TR/xhtml1/DTD/xhtml1-transitional.dtd">
<html xmlns="http://www.w3.org/1999/xhtml">
<head>
<meta http-equiv="Content-Type" content="text/html; charset=utf-8" />
<title>体验以图换字的效果与实现</title>
</head>
<body>
    <h2>大九寨</h2>
</body>
</html>
```

说明:如果仅仅实现图 5-11 中的效果可以直接利用<img>标记来实现,但是很多情形下页面的文档结构是通过标题来组织的,而且标题对提高网页被检索的贡献率大于

<img>标记中的 alt 属性。所以既要利用标题来组织文档结构，又要兼顾页面的显示效果，很多时候都有"以图换字"的需要。利用 CSS 的实施过程如下。

（1）依据图片 jiuzhai.gif 的大小设置 h2 标记的宽度和高度分别为 100px 和 50px。

（2）将图片 jiuzhai.gif 设置为 h2 的背景（对应的属性是 background）。

（3）浏览效果，发现文字和背景同时出现。

（4）将文字"挤出"背景的 3 条 CSS 规则如下。

① 设置 h2 的文字缩进距离大于 h2 的宽度。

② 文本不允许换行（white-space:nowrap;）。

③ 溢出部分隐藏（overflow:hidden;）。

（5）综上所述，对应的 CSS 规则如图 5-12 所示。

```
h2{
        width:102px;
        height:50px;
        background: url(jiuzhai.gif) ;
        text-indent:102px;
        white-space:nowrap;
        overflow:hidden;
    }
```

图 5-12　"以图换字"对应的 CSS 规则

注意：实现上述的"以图换字"还有一种更简单的方式，即给文本缩进 text-indent 属性设置一个超大的负数，即一条声明"text-indent:-900px;"可以实现以下三条申明的效果（将文本"挤出"）。

```
"text-indent:102px;
white-space:nowrap;
overflow:hidden; "
```

5.3　使用字体与文本样式实例

5.2 节中例 5-1 介绍了"以图换字"的实现要点，本节将以实例的形式继续介绍在实际的页面设计中经常用到的小技巧。

例 5-2　对于宽度受限的元素，要求：文本只在一行中显示，溢出的文本以省略号的方式隐藏，参考效果如图 5-13 所示，本例基于的素材是 ch5\exp5_2.html 文件。

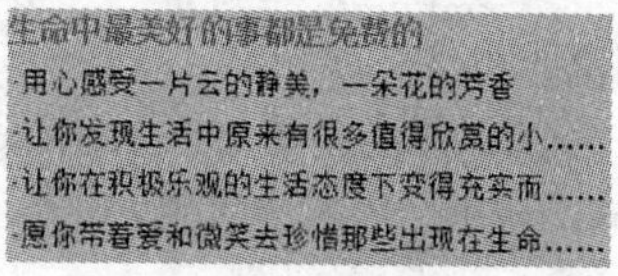

图 5-13　以省略号的方式隐藏多余文本

例 5-2 配套素材 exp5_2.html 文件源代码：

```
<!DOCTYPE html PUBLIC "-//W3C//DTD XHTML 1.0
Transitional//EN" "http://www.w3.org/TR/xhtml1/DTD/xhtml1-transitional.dtd">
<html xmlns="http://www.w3.org/1999/xhtml">
<head>
<meta http-equiv="Content-Type" content="text/html; charset=utf-8" />
```

```
<title>体验多余的文本用省略号去隐藏</title>
<style type="text/css">
  * {
      margin:0;
      padding:0;
      text-decoration:none;
  }
.book {
  width:40%;
  margin:12px auto;
  background:#CCC;
}
.book h3{
      line-height:20px;
        font-size:14px;
        color:#f60;
}
.book h3:hover{
  color:#03c;
}
.book ul{
      margin:2px 0 0 2px;
}
.book ul li{
      line-height:22px;
      font-size:13px;
}
.book ul li a{
      color:#111;
}
.book ul li a:hover{
      color:#03c;
}
</style>
</head>
<body>
  <div class="book">
    <h3>生命中最美好的事都是免费的</h3>
    <ul>
      <li>·<a href="#">用心感受一片云的静美,一朵花的芳香</a></li>
      <li>·<a href="#">让你发现生活中原来有很多值得欣赏的小美好、小快乐</a></li>
      <li>·<a href="#">让你在积极乐观的生活态度下变得充实而美满</a></li>
      <li>·<a href="#">愿你带着爱和微笑去珍惜那些出现在生命中的小美好</a></li>
    </ul>
    </div>
</body>
</html>
```

实现过程如下。

(1) 浏览素材的页面效果,改变浏览器的窗口大小,就会发现:当窗口缩小到一定程度,原本一行显示的文本就会多行显示。

(2) 控制文本一行显示(即不换行),且多余的文本以省略号的形式隐藏:给元素 .book ul li 添加以下三条声明即可。

```
white-space:nowrap;              /＊声明1:用于控制文本不换行＊/
text-overflow:ellipsis;          /＊声明2:用于实现发生文本溢出时显示省略号＊/
overflow:hidden;                 /＊声明3:隐藏溢出的部分＊/
```

例 5-3　体验"以图换字"、首字下沉和其他的字体/文本样式,本例基于的素材是 ch5\exp5-3 文件夹,给页面文件 exp5_3.html 设置合适的 CSS 实现如图 5-14 所示的效果,需要使用素材中的图片文件 exp3.jpg。

(a) 设置之前　　　　　　　　(b) 设置之后

图 5-14　字体/文本样式应用

例 5-3 配套素材 exp5_3.html 文件源代码:

```
<!DOCTYPE html PUBLIC "-//W3C//DTD XHTML 1.0 Transitional//EN" "http://www.
w3.org/TR/xhtml1/DTD/xhtml1-transitional.dtd">
<html xmlns="http://www.w3.org/1999/xhtml">
<head>
<meta http-equiv="Content-Type" content="text/html; charset=utf-8" />
<title>体验以图换字和字体/文本样式的应用</title>
<style type="text/css">
    *{padding:0; margin:0;border:0;
             font-size:13px;}
  #content{
    width:250px;
    margin:2px auto;
    background:#7b5 ;
  }
    #content img{
```

```
            width: 230px;
        height: 150px;
                border:2px #fff solid;
                margin-left:8px;
        }
    </style>
    </head>
    <body>
        <div id="content">
                <h3>大草原</h3>
                <img src="images/dcy.gif" alt="大草原"/>
                <p>山高水远,草长鹰飞,辽远的牧歌伴随着白云在悠远的晴空自由地飘飞。当岁月
随着古老的日落日出而流走,在这里,炊烟依然安详,羊群依旧平静,仿佛所有的静穆都是一种隐
预和暗示,这就是美丽富饶的黄河大草原。整个景区呈现出一片壮丽的景象,落日时分,登高远
眺,唯有这里才能体会到"落霞与孤鹜齐飞,秋水共长天一色"以及"长河落日圆"之神韵。
                </p>
        </div>
    </body>
    </html>
```

实现过程如下。

(1) 浏览素材的页面效果。

(2) 实现标题 h3 的"以图换字":参考标题背景图片文件 images/h3_dcy_bg.gif 的
尺寸 100×50px 设置 h3 元素的大小,并给 h3 设置一个很夸张的首行缩进将其挤出 h3 所
在的"盒子",然后设置其背景,即给 h3 元素添加以下 4 条参考声明。

```
width:100px;
height:50px;
text-indent:-1000px;
background:url(images/h3_dcy_bg.gif) no-repeat;
```

(3) 实现段落的首字下沉两行:利用段落 p 的伪
元素::first-letter 作为选择符设置如图 5-15 所示的
CSS 规则。

(4) 实现段落左右两边的空隙相等:参考<img>
元素的宽度,设置 p 的宽度,利用 margin 中"auto"属
性值使左右两边的空隙相等,即给 p 元素添加如下的声明。

```
#content p:first-letter{
        font-size:2em;
        float:left;
        font-weight:bold;
    }
```

图 5-15 首字下沉两行的 CSS 规则

```
width:230px;
margin:8px auto;
```

(5) 段落的行间距和颜色的参考声明如下:

```
line-height:1.3;
color:#ffc;
```

本章在介绍了字体样式和文本样式主要属性的基础上,以实例的方式介绍了在实际

的页面设计中经常要用到的"以图换字"、溢出文本用省略号表示和文本在容器中的布局等与字体/文本样式主要属性相关的一些技巧及实现。

选 择 题

(1) 若要改变文本的颜色,应使用的属性是(　　)。

　　A. font-color　　　　B. font-size　　　　C. color　　　　　D. font-weight

(2) 若要取消文本的下划线,应使用的属性是(　　)。

　　A. font-style　　　　B. font-decoration　C. text-decoration　D. font-weight

(3) 若要文本首行缩进,应使用的属性是(　　)。

　　A. text-indent　　　　　　　　　　B. line-height

　　C. text-align　　　　　　　　　　 D. letter-spacing

(4) 以下关于行高 line-height 的说法中错误的是(　　)。

　　A. "line-height:1.2"的声明表示行高不会随着字体大小的变化而变化

　　B. "line-height:1.2"的声明表示行高会随着字体大小的变化而变化

　　C. 行高 line-height 表示行与行基线之间的距离

　　D. 行高 line-height 表示行与行之间的空白距离

(5) 以下无效的 CSS 规则是(　　)。

　　A. p{ font:bold italic 15px "宋体" ;}

　　B. p{font:bold 15px italic "宋体",Arial, sans-serif; }

　　C. p{font:bold 15px "宋体",Arial, sans-serif; }

　　D. p{font:bold italic 15px/1.2 "宋体",Arial, sans-serif; }

自 主 训 练

练习 5-1:基于素材 ex5\ex5-1,给页面文件 ex5_1.html 中的元素添加合适的 id 或 class 属性,然后设置合适的 CSS 样式,使页面实现如图 5-16 所示的效果(或参考素材 ex5\ex5-1 的图片文件"练习 5_1.JPG")。要点如下。

(1) 标题 h2 实现以图换字且居中的效果。

(2) 第 1 个 h3 标题有居中、背景、字间距和宽度(按父容器的 50%来设置)要求。

(3) 前两个段落有首行缩进 2 字符的要求。

(4) 倒数第 1、2 段的首字母有 2 倍于其他文字要求,首行缩进是负数。

(5) 文本的行间距和对齐尽量与效果图接近。

练习 5-1 配套素材 ex5_1.html 文件源代码:

```
<!DOCTYPE html PUBLIC "-//W3C//DTD XHTML 1.0 Transitional//EN" "http://www.
w3.org/TR/xhtml1/DTD/xhtml1-transitional.dtd">
<html xmlns="http://www.w3.org/1999/xhtml">
```

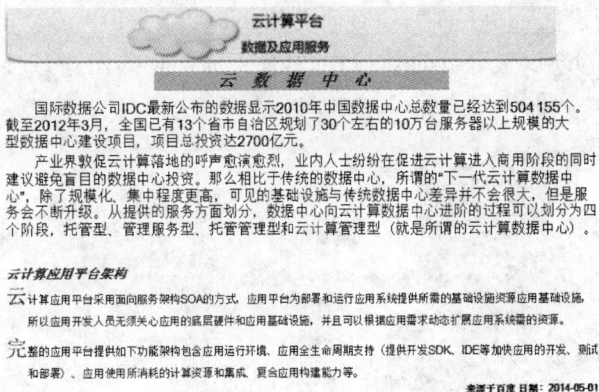

图 5-16　练习 1 效果图

```
<head>
<title>字体与文本样式综合练习</title>
<style type="text/css">
    * {margin:0; padding:0; color:#000;}
    #container{
    width:80%;
    margin:0 auto;
    }
</style>


</head>
<body>
<div id="container">
    <h2>云计算应用与数据平台</h2>
    <h3>云数据中心</h3>
    <p>国际数据公司 IDC 最新公布的数据显示 2010 年中国数据中心总数量已经达到 504 155 个。
截至 2012 年 3 月,全国已有 13 个省市自治区规划了 30 个左右的 10 万台服务器以上规模的大型
数据中心建设项目,项目总投资达 2700 亿元。</p>

    <p>产业界敦促云计算落地的呼声愈演愈烈,业内人士纷纷在促进云计算进入商用阶段的同
时建议避免盲目的数据中心投资。那么相比于传统的数据中心,所谓的"下一代云计算数据中
心",除了规模化、集中程度更高,可见的基础设施与传统数据中心差异并不会很大,但是服务会不
断升级。从提供的服务方面划分,数据中心向云计算数据中心进阶的过程可以划分为四个阶段,
托管型、管理服务型、托管管理型和云计算管理型(就是所谓的云计算数据中心)。</p>
    <h3>云计算应用平台架构</h3>
    <p>云计算应用平台采用面向服务架构 SOA 的方式,应用平台为部署和运行应用系统提供
所需的基础设施资源应用基础设施,所以应用开发人员无须关心应用的底层硬件和应用基础设
施,并且可以根据应用需求动态扩展应用系统需的资源。</p>
    <p>完整的应用平台提供如下功能架构包含应用运行环境、应用全生命周期支持(提供开发
SDK、IDE 等加快应用的开发、测试和部署)、应用使用所消耗的计算资源和集成、复合应用构建能
力等。</p>
    <h6>来源于百度　日期:2014-05-01</h6>
</div>
</body>
</html>
```

练习 5-2：基于素材 ex5\ex5-2,给页面文件 ex5_2. html 中元素 div♯ sub_con 所包含的子元素 h3、p 和 h6 设置合适的 CSS 样式,使页面实现如图 5-17 所示的效果(或参考素材文件夹中的图片文件 ex5_2. jpg)。

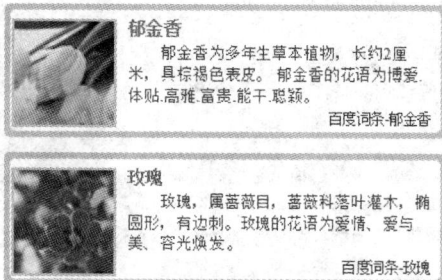

图 5-17 效果图

练习 5-2 配套素材 ex5_2. html 文件源代码:

```
<!DOCTYPE html PUBLIC "-//W3C//DTD XHTML 1.0 Transitional//EN" "http://www.
w3.org/TR/xhtml1/DTD/xhtml1-transitional.h3d">
<html xmlns="http://www.w3.org/1999/xhtml">
<head>
<meta http-equiv="Content-Type" content="text/html; charset=utf-8" />
<title>字体/文字样式练习</title>
<style type="text/css">
 * {padding:0; margin:0;font-size:12px;}
 div.wrapper{
     width:300px;
     margin:5px auto;
 }
 div.con{
     float:left;
     width:100%;
     height:98px;
     background:url(images/con_bg.png) no-repeat;
 }
 div.con p{
     float:left;
     margin:10px 2px 10px 5px;
 }
  div.con p img:hover{
      background:♯03f;
  }
  div.con p img{
      width:68px;
      height:68px;
     padding:2px;
     background:♯fcc;
  }
 div.con div.sub_con{
```

```
        float:right;
        width:216px;
        margin-right:5px;
        margin-top:5px;
    }
</style>
</head>

<body>
    <div class="wrapper">
        <div class="con">
            <p><img src="images/tulipa.jpg" alt="郁金香" /></p>
            <div class="sub_con">
            <h3>郁金香</h3>
            <p>郁金香为多年生草本植物,长约 2 厘米,具棕褐色表皮。郁金香的花语为博爱、体
贴、高雅、富贵、能干、聪颖。</p>
            <h6>百度词条-郁金香</h6>
            </div>
        </div>
        <div class="con">
            <p><img src="images/rose.jpg" alt="玫瑰" /></p>
            <div class="sub_con">
            <h3>玫瑰</h3>
            <p>玫瑰,属蔷薇目,蔷薇科落叶灌木,椭圆形,有边刺。玫瑰的花语为爱情、爱与美、
容光焕发。</p>
            <h6>百度词条-玫瑰  </h6>
            </div>
        </div>
    </div>
</body>
</html>
```

第6章

背景样式与应用实例

Chapter 6

网页上的图片依据其功能可以分为两大类：一类是内容图片（如人、产品和风景图片），它是网页实质性内容，若缺少它，内容就缺失或者信息不充分；第二类图片是装饰性图片，用来加强网页的视觉效果，如按钮、图标、背景图像和用于边框/区域划分的背景图片等。其中内容图片是使用＜img＞标记将图片载入到页面中；而装饰性图片是通过CSS的背景样式引入的，本章将系统地介绍CSS中背景样式及应用。

6.1 背 景 样 式

背景作为元素（也可理解为盒子）的"墙纸"，它可以是颜色或者图片或者兼而有之，使作为元素内容的其他文字或者图像显示于其上，以增加页面的表现力和视觉的冲击力。CSS中用于设置背景的主要属性和描述如下。

（1）背景颜色 background-color：设定元素的背景颜色。元素默认样式的背景颜色是透明的，所以要让XHTML元素显示为盒子特征的最简单方式之一就是为元素添加一个背景色，如 p｛background-color：♯00f;｝的CSS规则就是给p元素设置了一个蓝色背景。

（2）背景图像 background-image：设定元素的背景图像，图像文件应采用相对路径。语法是 background-image:url（相关路径\图片文件）。

（3）图像位置 background-position：指定背景图像的左上角相对于元素左上角在水平方向和垂直方向的偏移位置。语法是 background-position：水平位置 垂直位置。在默认样式下水平位置和垂直位置均为 0，即背景图片的左上角与元素的左上角重合。

（4）背景重复 background-repeat：决定背景图像如何被重复或者平铺，其属性值有：repeat-x、repeat-y、repeat、no-repeat，默认值是 repeat，表示背景图片在元素的水平方向和垂直方向都平铺。

（5）复合属性 background：可以在一条声明中包含上述多个单属性值，且无须考虑属性值的顺序。如图 6-1(a)的 4 条单属性样式声明等价于图 6-1(b)一条复合样式的声明。从页面优化的角度，建议在实际中尽量采用这种简洁高效的复合属性声明。

```
background-image:url(bg1.jpg);
background-repeat: no-repeat;
background-position: left   bottom;
background-color: #FFF;
```
（a）单属性的声明方式

```
background:url(bg1.jpg) no-repeat
left   bottom #FFF;
```
（b）复合属性的声明方式

图 6-1 背景样式的复合属性和单属性的声明对比

需要说明的是：当给元素同时设置背景色和背景图像时，相重叠的部分背景图像优先，即在背景图像不能覆盖的区域才显示背景色。

背景样式的相关属性对应 Adobe Dreamweaver 中 CSS 对话框的"背景"选项卡，如图 6-2 所示。

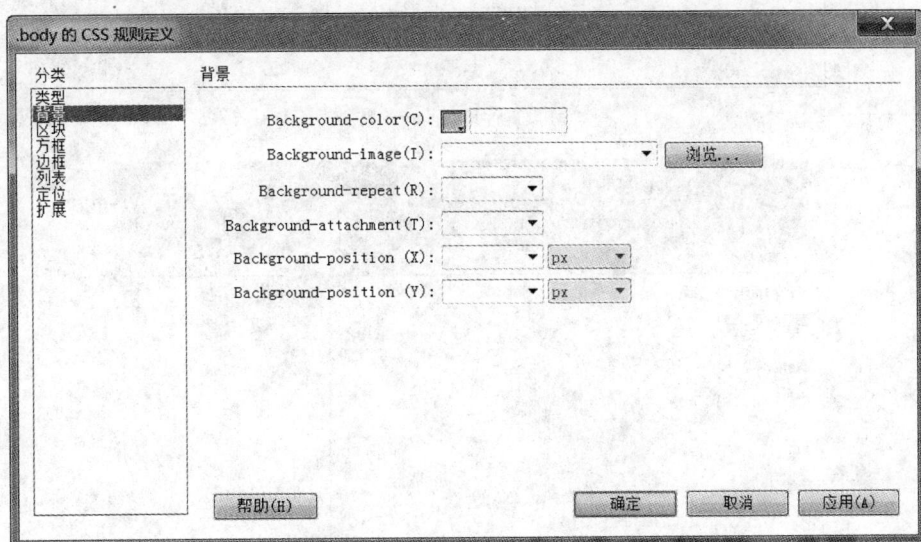

图 6-2 Dreamweaver 中 CSS 对话框的"背景"选项卡

6.2 背景样式应用举例

背景样式的应用非常灵活，其前提是在总体布局已规划好，而且对元素的背景需求明确、相关素材也准备就绪的情形下进行的，本小节以实例的方式来说明。

例 6-1 利用"小图片"的平铺实现大背景图片的效果。基于素材中 ch6\exp6-1 文件夹，通过给页面文件 exp6_1.html 中的页眉、页脚和侧栏标题设置背景，实现如图 6-3(b)所示效果。

例 6-1 配套素材 exp6_1.html 文件的源代码：

```
<!DOCTYPE html PUBLIC "-//W3C//DTD XHTML 1.0 Transitional//EN" "http://www.
w3.org/TR/xhtml1/DTD/xhtml1-transitional.dtd">
<html xmlns="http://www.w3.org/1999/xhtml">
<head>
```

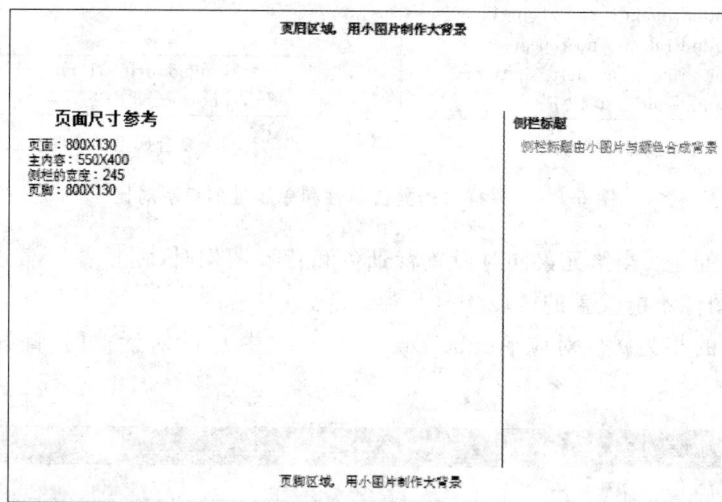

(a) 设置背景之前的效果

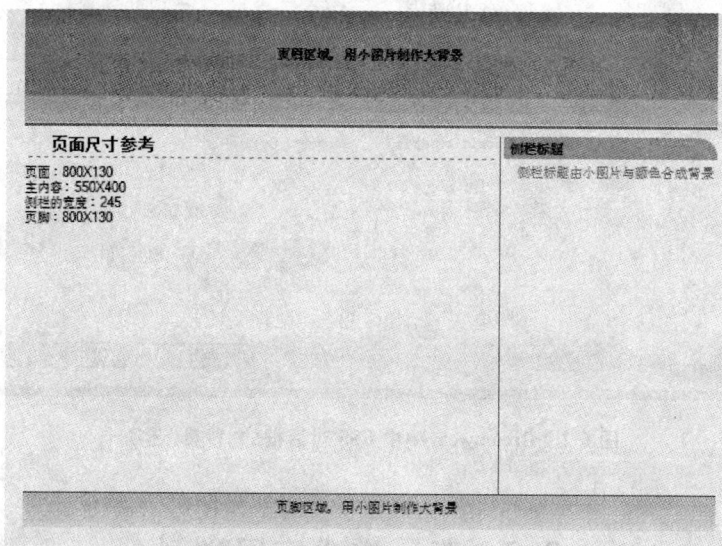

(b) 设置背景之后的效果

图 6-3 利用小图片制作大背景效果

```
<meta http-equiv="Content-Type" content="text/html; charset=gb2312" />
<title>体验小图片制作大背景</title>
<style type="text/css">
* {
    margin:0;
    padding:0;
    color:#000;
    font-size:15px;
}
#wrapper{
    width:800px;
```

```
        margin:2px auto;
}
#header{
    height:130px;
    margin-bottom:10px;
    }
        #header h2{
            text-align:center;
            padding-top:40px;
        }
        #main #content{
        height:400px;
        float:left;
        width:550px;
        border-right:1px solid #06f;
        }

        #main #content h1{
            text-indent:1.5em;
            line-height:1.2em;
            width:545px;
            font-size:20px;
            margin-bottom:8px;
    }
#main #content p{
    width:488px
    text-indent:2em;
        }
#main #sider{
    float:right;
    width:244px;
}
#sider h3{
    height:24px;
    text-indent:6px;
    line-height:26px;
}
#sider p{
    text-indent:1em;
    margin-top:8px;
    color:#399;
}
.clear{clear:both;}
#footer {
    height:40px;
}
#footer p{
    height:32px;
```

```
            line-height:32px;
            text-align:center;
        }


    </style>
    </head>
    <body>
        <div id="wrapper">
        <div id="header">
            <h2>页眉区域,用小图片制作大背景</h2>
        </div><!--header_End-->
        <div id="main">
            <div id="content">
                        <h1>页面尺寸参考</h1>
                        <p>页面:800×130</p>
                <p>主内容:550×400</p>
                <p>侧栏的宽度:245</p>
                <p>页脚:800×130</p>
            </div><!--content_End-->
            <div id="sider">
                <h3>侧栏标题</h3>
                        <p>侧栏标题由小图片与颜色合成背景</p>
            </div><!--sider_End-->
            <div class="clear"></div>
        </div><!--main_End-->
        <div id="footer">
            <p>页脚区域,用小图片制作大背景</p>
        </div><!--footer_End-->
    </div><!--wrapper_End-->
    </body>
    </html>
```

说明:通过查看素材,发现提供的 3 张图片都是不到 1kB 的文件,而图 6-3(b)中的背景图片看起来是比较大的,这是使用背景样式中的属性值来完成的,这本身也是使页面更轻巧来实现网页优化的一种技术手段。

实施过程如下。

(1) 了解页面的 XHTML 代码结构和相关 CSS 规则。

(2) 给整个页面设置背景:给 body 标记添加"background: # e8f5ff;"或者 "background-color: #e8f5ff ;"的声明。

(3) 给页眉设置背景,给 id 选择符 # header 添加"background: url(images/header_ bg.jpg) repeat-x;"的样式声明,repeat-x 表示在水平方向平铺。

(4) 给页脚设置背景,给页脚添加"background: url(images/footer_bg.jpg) repeat-x;"的样式声明。

(5) 给侧栏标题设置背景:由于给侧边栏提供的背景只是一个 1/4 圆角图片,而且是单色,通过 Photoshop 确认其颜色(色号是♯f90)即可;其次图片背景是在侧栏标题的右侧,而且只显示一次(即不平铺 no-repeat),所以给侧栏标题添加"background:♯f90 url(images/corner.gif) no-repeat top right;"的样式声明即可。这里侧栏标题的背景中同时包含颜色和图片,按图片优先显示原则。

(6)最后给主标题"页面尺寸参考"设置一条边框线,给主标题添加"border-bottom:1px dashed♯999;"的样式声明。

注意在添加样式声明的过程中,最好是每添加一条,就验证一下效果,这是很好的习惯。

例 6-2 让背景实现在一定范围内的"内容高度自适应",如图 6-4(a)、图 6-4(b)和图 6-4(c)所示使用同一幅背景图片,但所包含的内容不同,通过编写适当的 CSS 规则可实现这一需求,本例的素材在 ch6\exp6-2 文件夹。

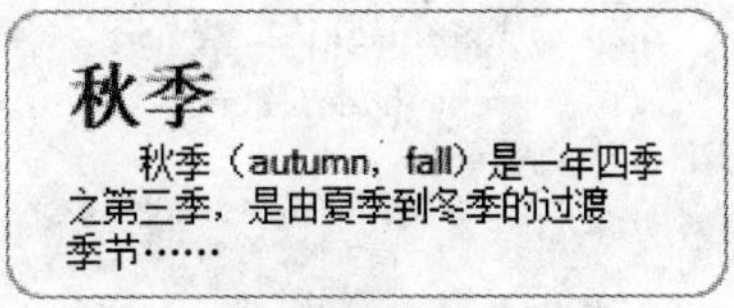

例 6-2 配套素材 exp6_2.html 文件源代码:

(a) 内容较少

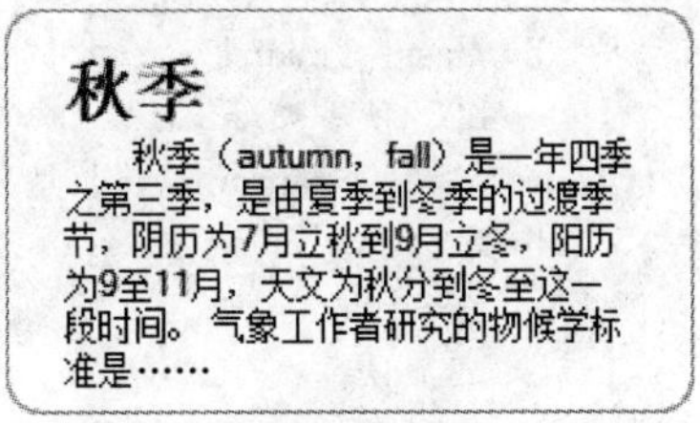

(b) 增加一些内容

(c) 再增加一些内容

图 6-4 让背景实现"内容高度自适应"

```
<!DOCTYPE html PUBLIC "-//W3C//DTD XHTML 1.0 Transitional//EN" "http://www.
w3.org/TR/xhtml1/DTD/xhtml1-transitional.dtd">
<html xmlns="http://www.w3.org/1999/xhtml">
<head>
<title>体验固定大小的背景图片在内容高度上的一定程度的自适应</title>
<style type="text/css">
    * {
        margin:0; padding:0; color:♯000;
    }
    div.main {
        width:240px;
        margin:3px auto 8px;
        background-color:♯FFc;
    }
    div.main h2{
        width:210px;
        padding:15px 15px 0 20px;
    }
    div.main p{
        width:202px;
        margin:0 auto ;
        padding-bottom:8px;
        font-size:12px;
```

```
            line-height:1.2em;
            text-indent:2em;
        }
    </style>
</head>
<body>
    <div class="main">
        <h2>秋季</h2>
        <p>秋季(autumn,fall)是一年四季之第三季,是由夏季到冬季的过渡季节……</p>
    </div>
    <div class="main">
        <h2>秋季</h2>
        <p>秋季(autumn,fall)是一年四季之第三季,是由夏季到冬季的过渡季节,阴历为 7 月立
秋到 9 月立冬,阳历为 9 至 11 月,天文为秋分到冬至这一段时间。气象工作者研究的物候学标准
是……</p>
    </div>
    <div class="main">
        <h2>秋季</h2>
        <p>秋季(autumn,fall)是一年四季之第三季,是由夏季到冬季的过渡季节,阴历为 7 月立
秋到 9 月立冬,阳历为 9 至 11 月,天文为秋分到冬至这一段时间。气象工作者研究的物候学标准
是:炎热过后,五天平均气温稳定在 22℃ 以下时就算进入了秋季,低于 10℃ 时秋季结束。</p>
    </div>
</body>
</html>
```

实施过程如下。

(1) 了解页面的 XHTML 代码结构和相关 CSS 规则(父容器、标题和段落的样式已
设置好),浏览页面效果。

(2) 本实例的 XHTML 结构层次如图 6-5 所示,让背景实
现所谓的"内容高度自适应",其要点是给父元素(本例是 div.
main)和第一个子元素(本例是 h2)设置同一个背景图片,并留
意背景图片的位置设置。

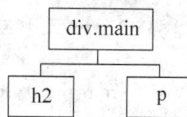

图 6-5　代码层次结构

(3) 给父元素 div. main 设置背景,位置是左下角,即给它添
加"url(images/link_con_bg. gif) no-repeat left bottom;"的样式声明。

(4) 给第一个子元素 h2 设置背景,即给它添加"background:url(images/link_con_
bg. gif) no-repeat ;"的样式声明。浏览效果即可。

本例呈现的是这类需求的条件和实现要点,至于"内容自适应的高度"的范围请读者
自行琢磨。

例 6-3　利用 CSS Sprite(CSS 图片嵌入,意译为 CSS 精灵)实现背景图片的按需
显示:基于素材 ch6\exp6-3 文件夹,给页面文件 exp6_3. html 列表项中的 a 标记设
置背景图片和悬停时的背景图片,使页面文件 exp6_3. html 实现如图 6-6 所示的
效果。

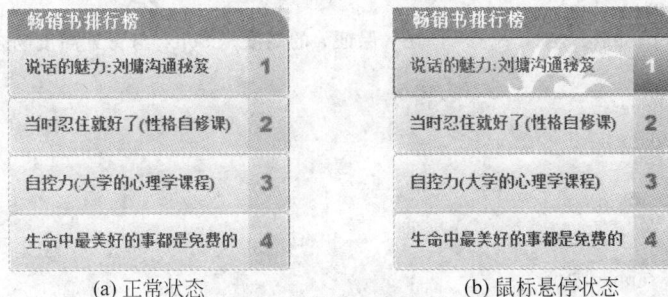

(a) 正常状态 (b) 鼠标悬停状态

图 6-6 CSS Sprite 的应用

例 6-3 配套素材 exp6_3.html 文件源代码：

```
<!DOCTYPE html PUBLIC "-//W3C//DTD XHTML 1.0 Transitional//EN" "http://www.
w3.org/TR/xhtml1/DTD/xhtml1-transitional.dtd">
<html xmlns="http://www.w3.org/1999/xhtml">
<head>
<meta http-equiv="Content-Type" content="text/html; charset=utf-8" />
<title>体验 CSS Sprite 的应用</title>
</head>

<style type="text/css">
  * {
     margin:0;
     padding:0;
     list-style:none;
     text-decoration:none;
  }
#wrapper{
     margin:5px auto;
     width:246px;
}
#wrapper h2{
     background: #f90 url(images/corner.gif) top right no-repeat;
     height:25px;
     color: #fff;
     text-indent:1em;
     font-size:16px;
     line-height:25px;
}
#content li a{
     display:block;
     font-size:14px;
     font-weight:bold;
     color: #666;
     text-indent:1em;
     line-height:35px;
```

```
        height:42px;
        padding-top:8px;                    /ast 保证 a 的高度是 50px,与背景高度吻合 ast/
    }
    #content li a:hover{
        color:#39F;
    }
    </style>
    <body>
        <div id="wrapper">
            <h2>畅销书排行榜</h2>
            <ol id="content">
                <li id="n1"><a href="#">说话的魅力:刘墉沟通秘笈</a></li>
                <li id="n2"><a href="#">当时忍住就好了(性格自修课)</a></li>
                <li id="n3"><a href="#">自控力(大学的心理学课程)</a></li>
                <li id="n4"><a href="#">生命中最美好的事都是免费的</a></li>
            </ol>
        </div>
    </body>
    </html>
```

说明:

(1) 本例提及的 CSS Sprite 中译为"CSS 精灵",它是由因 CSS 禅意花园而闻名的 Dave Shea 于 2004 年提出而后广泛流行的技术,其特点是将多个具有相关性的图片集成于一个图片文件中,通过 background-position 来实现显示想要显示的部分;从某种程度上来说对 background-position 属性的灵活应用是 CSS Sprite 的精华。这是一种将装饰性的图片合并下载,从而降低服务端负载的技术,同时对这些小图片的管理更优化和更富有效率。有些网站甚至将所有的图标、圆角图片和其他装饰性的小图全都集成到一个大图片中,然后简单地使用 background-position 来选择所需要显示的图片。

(2) background-position 的属性值依次是背景图片的左上角在水平和垂直两个方向相对于元素左上角的偏移量,水平方向向右和垂直方向向下为正,反之为负。

实施过程如下。

(1) 查看 XHTML 代码和现有的 CSS,浏览效果。

(2) 查看背景素材 ch6\exp6-3\images\a_bg.png 图片文件,了解到:文件中集成了 8 幅小图片(分别用于 4 个 a 标记两个状态的不同背景),每幅图片的大小都是宽 246px 高 50(这点很重要)。

(3) 给 a 标记设置背景:给 a 标记添加" background:url(images/li_bg.png) no repeat 0 0;"的声明。

(4) 通过修改背景图片的位置来设置第 2 个 a 标记的背景:给其添加"background-position:0 $-$50px;"的声明,其中的$-$50px 表示将背景图片的左上角相对于 a 元素的左上角在垂直方向往上偏移 50px 的距离,背景图片的来源和背景图片的平铺方式都不变,仅仅是背景图片的位置发生改变而已。依次修改背景图片的垂直位置分别给另外两个 a 标记设置背景,相应的 CSS 规则如图 6-7 所示。

（5）给悬停状态的 a 标记设置背景：给 a:hover 标记添加"background:url(images/a_bg.png) no-repeat −246px 0;"的声明，其中的−246px 表示将背景图片的左上角相对于 a 元素的左上角在水平方向往左偏移 246px 的距离。依次修改背景图片的垂直位置分别给另外 3 个 a 标记设置悬停时的背景，相应的 CSS 规则如图 6-8 所示。

```
#content li#n3 a{
    background-position: 0 −100px;
}
#content li#n4 a{
    background-position:0 −150px;
}
```

图 6-7　设置另外两个 a 标记的背景

```
#content li#n2 a:hover{
    background-position: −246px −50px;
}
#content li#n3 a:hover{
    background-position: −246px −100px;
}
#content li#n4 a:hover{
    background-position: −246px −150px;
}
```

图 6-8　设置另外 3 个 a 标记悬停时的背景

本例素材已经将 a 标记的其他属性设置妥当，只要单纯设置背景就可呈现要求的效果，否则必须依据素材图片的尺寸来设置元素的尺寸及其他细节，这是一个比较耗时的细致工作，特别对于初学者。

应用 CSS 进行网页布局，开发符合 Web 标准的网站，其非常重要的理念就是实现样式和内容的分离，也是最基本的实现网页重构的思维，因此有必要将样式部分的图片和内容部分的图片进行合理的归类。其中装饰性的图片是通过 CSS 文件中元素的 background-image、background-repeat 和 background-position 等属性引入和设置的，所以网站的文件结构一般有类似如图 6-9 所示的部分，即将 CSS 文件和密切相关的装饰性图片所在的文件夹 images 归在一起。

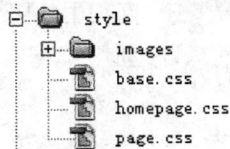

```
style
  images
  base.css
  homepage.css
  page.css
```

图 6-9　CSS 文件和装饰性图片密切相关

读者可以按这样的文件结构整理之前所做的例题，其要点是：将嵌入式的 CSS 变成链接式的 CSS，然后新建相关的文件夹并整理文件。

实际工作中的网页设计/制作是需要多种技能的，其中离不开图片素材的准备，这需要有比较扎实的美工和图像设计及处理功底，还需要其他的专业课程来铺垫。本章是在已有背景图片素材的基础上，介绍利用 CSS 引入背景图片的主要相关属性及应用实例，通过本章的学习除了掌握与背景设置相关的技术之外，还希望读者能建立起区分内容图片和装饰性图片的观念，同时进一步理解 W3C 所倡导的内容与样式分离的理念。

选 择 题

（1）以下关于背景的描述中错误的是（　　）。

A．在浏览器默认的样式下，元素的背景颜色是透明的

B．给元素设置一个背景色是让元素直观呈现所在区域的快捷方式之一

C．元素不能同时拥有背景色和背景图片

D. 元素的背景覆盖 padding 所在的区域

（2）若给元素 div.nav 添加了"background：♯f00 url(nav_bg.jpg)；"的样式声明，以下说法中错误的是（　　）。

  A. 只要空间足够，背景图片会在元素 div.nav 的水平和垂直方面平铺

  B. 背景图片的左上角与元素 div.nav 的左上角重合

  C. 元素 div.nav 会显示红色的背景颜色

  D. 元素 div.nav 不会显示红色的背景颜色

（3）如有诸如"div.wrapper{ background-image：url(bg.jpg)；background-position：left 30px；background-repeat：repeat-x；}"的 CSS 规则，与其不等效的 CSS 规则是（　　）。

  A. div.wrapper{ background：url(bg.jpg) left 30px repeat-x；}

  B. div.wrapper{ background：url(bg.jpg) left ，30px repeat-x；}

  C. div.wrapper{ background：url(bg.jpg) repeat-x left 30px；}

  D. div.wrapper{ background：left 30px url(bg.jpg) repeat-x；}

（4）以下关于网页中图片的说法，错误的是（　　）。

  A. 网页文件和网页中的图片都是独立存在的文件

  B. 网页中的图片可以通过 img 标记引入，也可通过 CSS 引入

  C. 网页中的图片只可以通过 img 标记引入

  D. 利用 CSS 可以将小图片拼成大图片

自 主 训 练

练习 6-1：基于素材 ex6\ex6_1 文件夹，参考背景图片的尺寸，给页面文件 ex6_1.html 的各元素设置合适的 CSS 规则，使页面实现如图 6-10 所示的效果，也可对照素材文件夹中的"ex6_1.JPG"图片文件。操作要点如下。

（1）id 为 banner -l 和 banner -r 的 div 分别设置为向左浮动和向右浮动。

（2）用素材中相应的背景图片取代 h3 标题中的文字。

（3）设置 div♯main 元素内所含三栏的布局。

（4）分别给左、中、右设置相应的背景图片和背景色，对应的参考背景色依次为 ♯9edeff、♯faffa9 和 ♯959595；文字颜色自行设置，美观协调为上。

（5）页脚对应的背景色和文字颜色分别为 ♯9cf 和 ♯03c。

练习 6-1 配套素材中 ex6_1.html 文件源代码：

```
<!DOCTYPE html PUBLIC "-//W3C//DTD XHTML 1.0 Transitional//EN" "http://www.w3.org/TR/xhtml1/DTD/xhtml1-transitional.dtd">
<html xmlns="http://www.w3.org/1999/xhtml">
<head>
<meta http-equiv="Content-Type" content="text/html; charset=utf-8" />
<title>体验以图换字和背景的平铺</title>
<style type="text/css">
* {padding:0; margin:0;border:0;
```

图 6-10 参考效果图

```
        font-size:13px;}
    #content{
        width:800px;
        margin:2px auto;
    }
    #banner img{
        width:400px;
        height:120px;
    }
    #main{
        margin-top:5px;
        margin-bottom:4px;
    }
div.con{
        width:250px;
    }
    #main img{
        width: 230px;
        height: 150px;
        border:2px #fff solid;
        margin-left:8px;
    }
    #main p{
        width:230px;
        margin:8px auto 5px;
```

```
            text-indent:2em;
            line-height:1.3;
        }
        .clear{
            clear:both;
        }
</style>
</head>

<body>
    <div id="content">
        <div id="banner">
            <div id="banner-l"><img src="images/banner_l.jpg" alt="风景" /></div>
            <div id="banner-r"><img src="images/banner_r.jpg" alt="地形" /></div>
        </div>
        <div class="clear"></div>
        <div id="main">
        <div class="con djz">
            <h3>大九寨</h3>
            <img src="images/djz.gif" alt="大九寨" />
            <p>我国目前被联合国教科文组织纳入《世界自然遗产名录》的只有五处,阿坝州就
占三处,包括九寨沟风景名胜区和黄龙名胜区以及四川大熊猫栖息地的大部分。翠绿而金黄的树
 ,高峻而多姿的山  , 明丽而浓艳的水,构成九寨沟绝世之美。湖水终年碧蓝
澄清明丽见底,随着光照变化,季节推移,呈现出不同的色彩和风韵,有"黄山归来不看山,九寨归
来不看水"之说。
            </p>
        </div>
        <div class="con dxm">
            <h3>大熊猫</h3>
            <img src="images/dxm.gif" alt="大熊猫" />
            <p>四川大熊猫栖息地于 2006 年 7 月 12 日被联合国教科文组织正式评审为世界自然
遗产地,包括卧龙、四姑娘山、小金与宝兴交界的夹金山等地,是世界上野生大熊猫数量最多的地
区,其中卧龙自然保护区是世界上最大的大熊猫保护区,它位于汶川县西南部,是中国最早建立的
国家级保护区之一,是国家和四川省命名的"科普教育基地"和"爱国主义教育基地"。</p>
        </div>
        <div class="con dcy">
            <h3>大草原</h3>
            <img src="images/dcy.gif" alt="大草原"/>
            <p>山高水远,草长莺飞,辽远的牧歌伴随着白云在悠远的晴空自由地飘飞。当岁月
随着古老的日出日落而流走,在这里,炊烟依然安详,羊群依旧平静,仿佛所有的静谧都是一种隐
语和暗示,这就是美丽富饶的黄河大草原。整个景区呈现出一片壮丽的景象,落日时分,登高远眺,
唯有这里才能体会到"落霞与孤鹜齐飞,秋水共长天一色"以及"长河落日圆"之神韵。
            </p>
        </div>
        <div class="clear"></div>
        </div>
        <div class="clear"></div>
        <div id="bottom">
```

<p>开心旅游工作室 版权所有
 Copyright © 2014 Happy-Travel Studio All Rights Reserved.</p>
    </div>
    </div>
</body>
</html>

练习 6-2：基于素材 ex6\ex6_2 文件夹,参考背景图片的尺寸,给页面文件 ex6_2.html 中的各元素设置合适的 CSS 规则,使其实现如图 6-11 所示的效果。

图 6-11 参考效果图

练习 6-2 配套中的 ex6_2.html 文件源代码：

```
<!DOCTYPE html PUBLIC "-//W3C//DTD XHTML 1.0 Transitional//EN" "http://www.w3.org/TR/xhtml1/DTD/xhtml1-transitional.dtd">
<html xmlns="http://www.w3.org/1999/xhtml">
<head>
<title>体验固定大小的背景图片在内容高度上的一定程度的自适应</title>
<style type="text/css">
*{margin:0; padding:0; color:#000;
}
  div.wrapper {
        width:760px;
        margin:3px auto ;
      background-color:#Ffc;
        background:url(images/wrapper_bg.gif) no-repeat left bottom;
    }
    div.wrapper h2{
```

```
        padding-left:2em;
        color:#00f;
        background:url(images/wrapper_bg.gif) no-repeat ;
    }
    div.wrapper h3{
        text-align:right;
        margin-right:2em;
        color:#36f;
    }
    div.wrapper p{
        width:750px;
        margin:0 auto ;
        padding-bottom:8px;
        font-size:12px;
        line-height:1.2em;
        text-indent:2em;
    }
</style>
</head>
<body>
    <div class="wrapper">
        <h2>秋季</h2>
        <h3>朱自清</h3>
        <p>说起冬天,忽然想到豆腐。是一"小洋锅"(铝锅)白煮豆腐,热腾腾的。水滚着,像好
些鱼眼睛,一小块一小块豆腐养在里面,嫩而滑,仿佛反穿的白狐大衣。锅在"洋炉子"(煤油不打气
炉)上,和炉子都熏得乌黑乌黑,越显出豆腐的白。这是晚上,屋子老了,虽点着"洋灯",也还是阴
暗。围着桌子坐的是父亲跟我们哥儿三个。"洋炉子"太高了,父亲得常常站起来,微微地仰着脸,
觑着眼睛,从氤氲的热气里伸进筷子,夹起豆腐,一一地放在我们的酱油碟里。我们有时也自己动
手,但炉子实在太高了,总还是坐享其成的多。这并不是吃饭,只是玩儿。父亲说晚上冷,吃了大家
暖和些。我们都喜欢这种白水豆腐;一上桌就眼巴巴望着那锅,等着那热气,等着热气里从父亲筷
子上掉下来的豆腐。又是冬天,记得是阴历十一月十六晚上。跟S君P君在西湖里坐小划子,S君
刚到杭州教书,事先来信说:"我们要游西湖,不管它是冬天。"那晚月色真好;现在想起来还像照在
身上。本来前一晚是"月当头";也许十一月的月亮真有些特别罢。那时九点多了,湖上似乎只有我
们一只划子。有点风,月光照着软软的水波;当间那一溜儿反光,像新研的银子。湖上的山只剩了
淡淡的影子。山下偶尔有一两星灯火。S君口占两句诗道:"数星灯火认渔村,淡墨轻描远黛痕。"
我们都不大说话,只有均匀的桨声。我渐渐地快睡着了⋯⋯</p>
    </div>
<div class="wrapper">
        <h2>秋季</h2>
        <h3>朱自清</h3>
        <p>说起冬天,忽然想到豆腐。是一"小洋锅"(铝锅)白煮豆腐,热腾腾的。水滚着,像好
些鱼眼睛,一小块一小块豆腐养在里面,嫩而滑,仿佛反穿的白狐大衣。锅在"洋炉子"(煤油不打气
炉)上,和炉子都熏得乌黑乌黑,越显出豆腐的白。这是晚上,屋子老了,虽点着"洋灯",也还是阴
暗。围着桌子坐的是父亲跟我们哥儿三个。"洋炉子"太高了,父亲得常常站起来,微微地仰着脸,
觑着眼睛,从氤氲的热气里伸进筷子,夹起豆腐,一一地放在我们的酱油碟里。我们有时也自己动
手,但炉子实在太高了,总还是坐享其成的多。这并不是吃饭,只是玩儿。父亲说晚上冷,吃了大家
```

暖和些。我们都喜欢这种白水豆腐;一上桌就眼巴巴望着那锅,等着那热气,等着热气里从父亲筷子上掉下来的豆腐。又是冬天,记得是阴历十一月十六晚上。跟 S 君 P 君在西湖里坐小划子,S 君刚到杭州教书,事先来信说:"我们要游西湖,不管它是冬天。"那晚月色真好;现在想起来还像照在身上。本来前一晚是"月当头";也许十一月的月亮真有些特别罢。那时九点多了,湖上似乎只有我们一只划子。有点风,月光照着软软的水波;当间那一溜儿反光,像新砑的银子。湖上的山只剩了淡淡的影子。山下偶尔有一两星灯火。S 君口占两句诗道:"数星灯火认渔村,淡墨轻描远黛痕。"我们都不大说话,只有均匀的桨声。我渐渐地快睡着了。P 君"喂"了一下,才抬起眼皮,看见他在微笑。船夫问要不要上净寺去,是阿弥陀佛生日,那边蛮热闹的。到了寺里,殿上灯烛辉煌,满是佛婆念佛的声音,好像醒了一场梦。这已是十多年前的事了,S 君还常常通着信,P 君听说转变了好几次,前年是在一个特税局里收特税了,以后便没有消息。在台州过了一个冬天,一家四口子。台州是个山城,可以说在一个大谷里。只有一条二里长的大街。别的路上白天简直不大见人,晚上一片漆黑。偶尔人家窗户里透出一点灯光,还有走路的拿着的火把,但那是少极了。我们住在山脚下。有的是山上松林里的风声,跟天上一只两只的鸟影。夏末到那里,春初便走,却好像老在过着冬天似的;可是即便真冬天也并不冷。我们住在楼上,书房临着大路,路上有人说话,可以清清楚楚地听见。但因为走路的人太少了,间或有点说话的声音,听起来还只当远风送来的,想不到就在窗外。我们是外路人,除上学校去之外,常只在家里坐着。妻也惯了那寂寞,只和我们爷儿们守着。外边虽老是冬天,家里却老是春天。有一回我上街去,回来的时候,楼下厨房的大方窗开着,并排地挨着她们母子三个,三张脸都带着天真微笑地向着我。似乎台州空空的,只有我们四人;天地空空的,也只有我们四人。那时是民国十年,妻刚从家里出来,满自在。现在她死了快四年了,我却还老记着她那微笑的影子。</p>

　　</div>
</body>
</html>

练习 6-3:基于素材 ex6\ex6_3 文件夹,给页面文件 ex6_3.html 中的 4 个栏目(♯col1~♯col4)设置背景,并给各栏目中的元素"<a href＝"♯">更多</a>"设置背景和悬停时的背景。参考效果如图 6-12 所示,也可对照素材文件夹中的 ex6_3.JPG 和 ex6_3(悬停).JPG 图片文件。

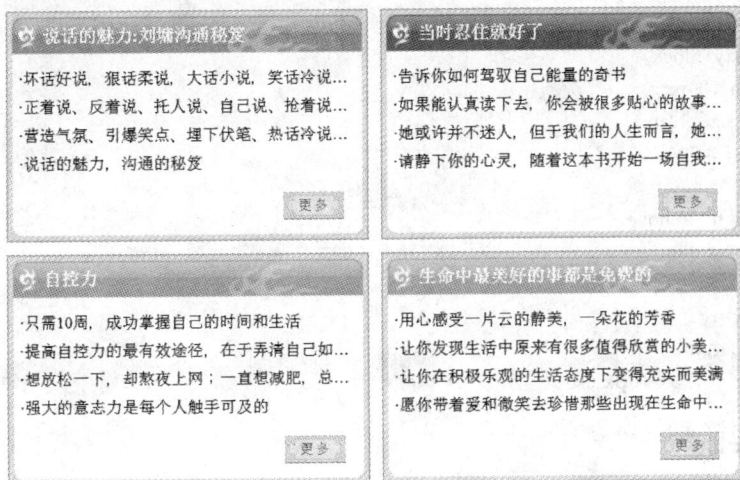

图 6-12　参考效果图

练习 6-3 配套素材中 ex6_3.html 文件源代码：

```
<!DOCTYPE html PUBLIC "-//W3C//DTD XHTML 1.0 Transitional//EN" "http://www.
w3.org/TR/xhtml1/DTD/xhtml1-transitional.dtd">
<html xmlns="http://www.w3.org/1999/xhtml">
<head>
<meta http-equiv="Content-Type" content="text/html; charset=utf-8" />
<title>练习 CSS Sprite 设置背景</title>
<style type="text/css">
    * {
        margin:0;
        padding:0;
        text-decoration:none;
    }
    .wrapper{
        width:590px;
        margin:4px auto;
    }
    #col1, #col3{
        margin-left:0;
    }
    .book{
        float:left;
        width:290px;
        height:180px;
        margin:0 0 10px 10px;
    }
    .book h3{
    float:left;
    margin:12px 0 0 30px;
    }
    .book h3 a{
    display:block;
    height:20px;
    font-size:14px;
    color:#000;
    }
    .book h3 a:hover{
    color:#03c;
    }
    .book p{
    float:right;
    margin:12px 10px 0 0;
    }
    .book ul{
    float:left;
    margin:10px 0 0 10px;
    }
    .book ul li{
```

```
        float:left;
        width:265px;
        line-height:22px;
        white-space:nowrap;
        text-overflow:ellipsis;
        overflow:hidden;
        font-size:13px;
    }
    .book ul li a{
        color:#111;
    }
    .book ul li a:hover{
        color:#03c;
    }
    .book p.pmore{
        float:right;
        margin-right:20px;
    }
    .book p.pmore a{
        display:block;
        font-size:11px;
        width:48px;
        height:21px;
        text-align:center;
        line-height:22px;
        color:#999;
    }
    .book p.pmore a:hover{
        color:#c00;
    }
</style>
</head>

<body>
<div class="wrapper">
 <div class="book" id="col1">
    <h3><a href="#">说话的魅力:刘墉沟通秘笈</a></h3>
    <ul>
        <li>·<a href="#">坏话好说,狠话柔说,大话小说,笑话冷说,重话狠说,急话缓说,长
话短说,虚话实说</a></li>
        <li>·<a href="#">正着说、反着说、托人说、自己说、抢着说、闪着说、缓缓说、快快
说</a></li>
        <li>·<a href="#">营造气氛、引爆笑点、埋下伏笔、热话冷说、逆向思考、掌握逻
辑、讽而不刺、点到为止</a></li>
        <li>·<a href="#">说话的魅力,沟通的秘笈</a></li>
        </ul>
    <p class="pmore"><a href="#">更 多</a></p>
 </div>
    <div class="book" id="col2">
```

```
<h3><a href="#">当时忍住就好了</a></h3>
<ul>
    <li>·<a href="#">告诉你如何驾驭自己能量的奇书</a></li>
    <li>·<a href="#">如果能认真读下去,你会被很多贴心的故事所启发</a></li>
    <li>·<a href="#">她或许并不迷人,但于我们的人生而言,她必定有用</a></li>
    <li>·<a href="#">请静下你的心灵,随着这本书开始一场自我修炼的旅程吧
    </a></li>
</ul>
<p class="pmore"><a href="#">更 多</a></p>
</div>
<div class="book" id="col3">
    <h3><a href="#">自控力</a></h3>
    <ul>
        <li>·<a href="#">只需 10 周,成功掌握自己的时间和生活</a></li>
    <li>·<a href="#">提高自控力的最有效途径,在于弄清自己如何失控、为何失控</a>
</li>
        <li>·<a href="#">想放松一下,却熬夜上网;一直想减肥,总是挫败;那么《自控
力》就是专门为你而写的</a></li>
        <li>·<a href="#">强大的意志力是每个人触手可及的</a></li>
        </ul>
        <p class="pmore"><a href="#">更 多</a></p>
</div>
<div class="book" id="col4">
    <h3><a href="#">生命中最美好的事都是免费的</a></h3>
    <ul>
        <li>·<a href="#">用心感受一片云的静美,一朵花的芳香</a></li>
        <li>·<a href="#">让你发现生活中原来有很多值得欣赏的小美好、小快乐</a></li>
        <li>·<a href="#">让你在积极乐观的生活态度下变得充实而美满</a></li>
        <li>·<a href="#">愿你带着爱和微笑去珍惜那些出现在生命中的小美好</a></li>
        </ul>
        <p class="pmore"><a href="#">更 多</a></p>
    </div>
</div>
</body>
</html>
```

练习 6-4:基于素材 ex6\ex6_4 文件夹,给页面文件 ex6_4. html 设置合适的 CSS,使其实现如图 6-13 所示的参考效果,也可对照素材文件夹中的 ex6_4. JPG 图片文件。

要点提示如下。

(1) 结合背景图的尺寸确定 div#show 的宽度。

(2) 留意段落之间的间隔。

练习 6-4 配套素材中 ex6_4. html 文件源代码:

```
<! DOCTYPE html PUBLIC "-//W3C//DTD XHTML 1.0 Transitional//EN" "http://www.
w3.org/TR/xhtml1/DTD/xhtml1-transitional.dtd">
<html xmlns="http://www.w3.org/1999/xhtml">
<head>
```

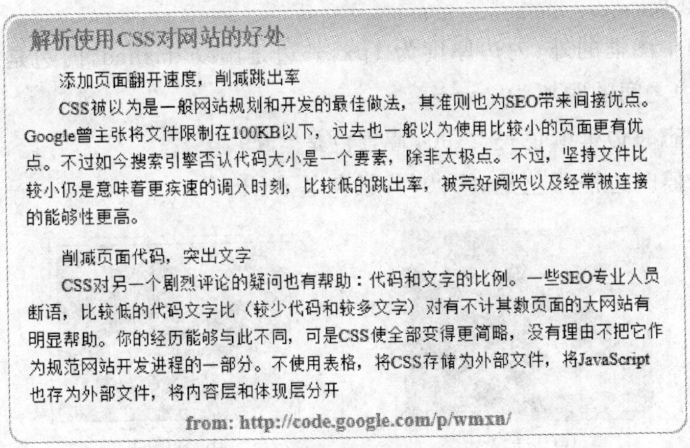

解析使用CSS对网站的好处

添加页面翻开速度，削减跳出率
CSS被以为是一般网站规划和开发的最佳做法，其准则也为SEO带来间接优点。Google曾主张将文件限制在100KB以下，过去也一般以为使用比较小的页面更有优点。不过如今搜索引擎否认代码大小是一个要素，除非太极点。不过，坚持文件比较小仍是意味着更疾速的调入时刻，比较低的跳出率，被完好阅览以及经常被连接的能够性更高。

削减页面代码，突出文字
CSS对另一个剧烈评论的疑问也有帮助：代码和文字的比例。一些SEO专业人员断语，比较低的代码文字比（较少代码和较多文字）对有不计其数页面的大网站有明显帮助。你的经历能够与此不同，可是CSS使全部变得更简略，没有理由不把它作为规范网站开发进程的一部分。不使用表格，将CSS存储为外部文件，将JavaScript也存为外部文件，将内容层和体现层分开

from: http://code.google.com/p/wmxn/

图 6-13　参考效果图

```html
<meta http-equiv="Content-Type" content="text/html; charset=utf-8" />
<title>测试背景的拼凑,特点: 背景是上中下三部分拼凑而成,中间那部分由大容器来确定,上、下两部分由容器内的最上和最下部分来完成</title>
<style type="text/css">
* {
    padding:0;
    margin:0;
}
</style>
</head>
<body>
  <div id="show">
    <h1>解析使用 CSS 对网站的好处</h1>
    <p>添加页面翻开速度,削减跳出率</p>
    <p>CSS 被以为是一般网站规划和开发的最佳做法,其准则也为 SEO 带来间接优点。Google 曾主张将文件限制在 100KB 以下,过去也一般以为使用比较小的页面更有优点。不过如今搜索引擎否认代码大小是一个要素,除非太极点。不过,坚持文件比较小仍是意味着更疾速的调入时刻,比较低的跳出率,被完好阅览以及经常被连接的能够性更高。</p>
    <p>削减页面代码,突出文字 </p>
    <p>CSS 对另一个剧烈评论的疑问也有帮助: 代码和文字的比例。一些 SEO 专业人员断语,比较低的代码文字比(较少代码和较多文字)对有不计其数页面的大网站有明显帮助。你的经历能够与此不同,可是 CSS 使全部变得更简略,没有理由不把它作为规范网站开发进程的一部分。不使用表格,将 CSS 存储为外部文件,将 JavaScript 也存为外部文件,将内容层和体现层分开
    </p>
    <h3>from: http://code.google.com/p/wmxn/</h3>
  </div>
</body>
</html>
```

练习 6-5：利用 CSS 给图片加图框,实现在图片上悬停时其图框的背景和边框产生变化。本练习基于素材 ex6\ex6_5 文件夹,给页面文件 ex6_5.html 设置合适的 CSS,使其实现如图 6-14 所示的参考效果,也可对照素材文件夹中的 ex6_5.JPG 图片文件。

要点提示如下。

(1) 效果图中图框的外、内边厚度为 1px,外边是虚线 dashed,内边是实线。

(2) 内、外边之间的距离为 3px。

(3) 正常状态时边框颜色是♯f90,背景色是♯fc9。

(4) 鼠标悬停时边框颜色是♯090,背景色是♯fff。

(a) 无悬停   (b) 悬停时

图 6-14   图片的图框效果图

练习 6-5 配套素材中 ex6_5. html 文件源代码:

```
<!DOCTYPE html PUBLIC "-//W3C//DTD XHTML 1.0 Transitional//EN" "http://www.
w3.org/TR/xhtml1/DTD/xhtml1-transitional.dtd">
<html xmlns="http://www.w3.org/1999/xhtml">
<head>
<meta http-equiv="Content-Type" content="text/html; charset=utf-8" />
<title>体验给图片加图框以及图框悬停时背景和边框发生的变化</title>
<style type="text/css">
  * {padding:0;margin:0; }
    #flower{
    margin:10px 0 0 100px;
  }
</style>
</head>
<body>
    <p id="flower">
        <a href="#"><img src="yjx.jpg" alt="郁金香" /></a>
    </p>
</body>
</html>
```

练习 6-6:站点文件结构的优化。基于素材 ex6\ex6_6 文件夹,参考图 6-15(b)所示的参考效果,要点如下。

(1) 将页面中的内容图片(通过<img>标记引入的图片)和装饰性图片(通过 CSS 引入的图片)进行分类组织。

(2) 将页面文件中嵌入式的 CSS 转换成链接式 CSS。

(3) 整个过程应在 Dreamweaver 的站点管理环境下进行。

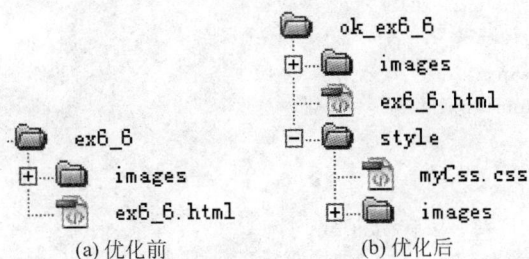

图 6-15 优化前后的文件结构

练习 6-6 配套的 ex6_6.html 文件源代码：

```
<!DOCTYPE html PUBLIC "-//W3C//DTD XHTML 1.0 Transitional//EN" "http://www.
w3.org/TR/xhtml1/DTD/xhtml1-transitional.dtd">
<html xmlns="http://www.w3.org/1999/xhtml">
<head>
<meta http-equiv="Content-Type" content="text/html; charset=utf-8" />
<title>体验文件结构的优化：将图片进行分类</title>
<style type="text/css">

*{padding:0; margin:0;border:0;
    font-size:13px;}
#content{
    width:800px;
    margin:2px auto;
}
#banner img{
    width:400px;
    height:120px;
    }
    #banner-l{
        float:left;
    }
    #banner-r{
        float:right;
    }
    div.con h3{
        width:100px;
        height:50px;
        text-indent:-1000px;
    }
    div.djz h3{
        background:url(images/h3_djz_bg.gif) no-repeat;
    }
    div.dcy h3{
        background:url(images/h3_dcy_bg.gif) no-repeat;
    }
    div.dxm h3{
        background:url(images/h3_dxm_bg.gif) no-repeat;
```

```
        }
        #main{
            margin-top:5px;
            margin-bottom:4px;
        }
        div.con{
         width:250px;
        }
        #main img{
            width: 230px;
          height: 150px;
            border:2px #fff solid;
            margin-left:8px;
        }
        #main p{
            width:230px;
            margin:8px auto 5px;
            text-indent:2em;
            line-height:1.3;
        }
        div.djz {
            background: #9edeff url(images/djz_bg.gif) repeat-x;
            color: #546602;
            float:left;
        }
        div.dcy {
            background: #faffa9 url(images/dcy_bg.gif) repeat-x;
            color: #013087;
            float:left;
            margin-left:25px;
        }
        div.dxm {
            background: #959595 url(images/dxm_bg.gif) repeat-x;
            color: #fff;
            float:right;
        }

        .clear{
            clear:both;
        }
        #bottom{
            background: #9cf;
            color: #03c;
            padding:4px 0;
            text-align:center;
        }
    </style>
    </head>
```

```
<body>
    <div id="content">
        <div id="banner">
            <div id="banner-l"><img src="images/banner_l.jpg" alt="风景" /></div>
            <div id="banner-r"><img src="images/banner_r.jpg" alt="地形" /></div>
        </div>
        <div class="clear"></div>
        <div id="main" >
        <div class="con djz">
            <h3>大九寨</h3>
            <img src="images/djz.gif" alt="大九寨" />
            <p>我国目前被联合国教科文组织纳入《世界自然遗产名录》的只有五处,阿坝州就占
三处,包括九寨沟风景名胜区和黄龙名胜区以及四川大熊猫栖息地的大部分。翠绿而金
黄的树  ,高峻而多姿的山  , 明丽而浓艳的水,构成九寨沟绝世之
美。湖水终年碧蓝澄清、明丽见底,随着光照变化,季节推移,呈现出不同的色彩和风韵,
有"黄山归来不看山,九寨归来不看水"之说。
            </p>
        </div>
        <div class="con dxm">
            <h3>大熊猫</h3>
            <img src="images/dxm.gif" alt="大熊猫" />
            <p>四川大熊猫栖息地于 2006 年 7 月 12 日被联合国教科文组织正式评审为世界自然
遗产地,包括卧龙、四姑娘山、小金与宝兴交界的夹金山等地,是世界上野生大熊猫数量
最多的地区,其中卧龙自然保护区是世界上最大的大熊猫保护区,它位于汶川县西南
部,是中国最早建立的国家级保护区之一,是国家和四川省命名的"科普教育基地"和
"爱国主义教育基地"。</p>
        </div>
        <div class="con dcy">
            <h3>大草原</h3>
            <img src="images/dcy.gif" alt="大草原"/>
            <p>山高水远,草长莺飞,辽远的牧歌伴随着白云在悠远的晴空自由地飘飞。当岁月
随着古老的日出日落而流走,在这里,炊烟依然安详,羊群依旧平静,仿佛所有的静谧
都是一种隐语和暗示,这就是美丽富饶的黄河大草原。整个景区呈现出一片壮丽的景
象,落日时分,登高远眺,唯有这里才能体会到"落霞与孤鹜齐飞,秋水共长天一色"以
及"长河落日圆"之神韵。
            </p>
        </div>
        <div class="clear"></div>
        </div>
    <div class="clear"></div>
    <div id="bottom">
        <p>开心旅游工作室 版权所有<br/> Copyright © 2014 Happy-Travel Studio All
Rights Reserved.</p>
    </div>
    </div>
</body>
</html>
```

第7章

列表样式及列表元素应用实例

列表是页面的基本元素，根据其使用情形分有序列表、无序列表和定义列表三种。列表元素不仅用于分门别类地组织信息发挥其最基本的功能；还是导航和菜单的基础，或者说将导航和菜单作为列表元素并添加样式是一种最佳实践，其好处是当使用一种不支持 CSS 的用户代理（如手机）查看网页时，XHTML 的列表标记至少可以将导航或者菜单表现为一组简洁嵌套的链接。本章就以列表元素为核心，在介绍列表样式的基础上，以实例的方式综合盒子模型及其主要参数，影响布局的 float、display 和 position 等属性，字体/文本样式和背景样式等所学知识来介绍列表元素在网页设计中的典型应用。

7.1 剖析列表元素的盒子模型

不同于段落和标题等大部分元素，列表元素是一个复合元素或者结构化元素，即列表类元素由两个元素构成，一是上级列表类型元素，如 ul、ol、dl 分别为无序、有序和定义列表，二是列表项元素，如对应的 li、dt/dd。

"一切元素皆为盒子"，与盒子模型相关的主要参数有宽度、内边距、外边距和边框。在所有浏览器的默认样式下，边框样式是 none，所以边框是没有显示的；背景是透明的，所以元素的盒子模型是"隐形"的。要让元素显现盒子特征的最简单方式是为其设置背景或者边框。

对于结构化的列表元素其所在的盒子有什么特点？以图 7-1 所示的无序列表元素为例（素材是 ch7\7-1. html～7-7. html），这里探讨在浏览器的默认样式下，列表元素的盒子特征。为简洁清晰起见，这里采用给元素设置边框的方式，为了便于对比，分以下几步进行。

（1）给 ul 的父元素 content 设置边框，以提供一个参考的对比元素。

（2）给 ul 添加边框，以了解 ul 元素的盒子模型特点。

（3）给 li 添加边框，以进一步了解 ul 元素的盒子模型特点和 li 元素盒子模型的特点。

首先给 ul 的父元素 div 添加"width:200px; border:1px #f00 solid;"的样式声明，设置宽度和显示边框，如图 7-2 所示。

```
<div class="content">
    <ul>
        <li> 会员注册 </li>
        <li> 购物流程 </li>
        <li> 订单状态 </li>
        <li> 常见问题册 </li>
        <li> 交易条款册 </li>
        <li> 会员协议册 </li>
    </ul>
</div>
```

图 7-1 无序列表的 XTHML 代码

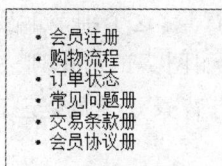

- 会员注册
- 购物流程
- 订单状态
- 常见问题册
- 交易条款册
- 会员协议册

图 7-2 带边框的 div 中显示
一个 ul 元素

其次，给 div ul 添加"border:1px ♯000 solid;"的声明，设置列表类型元素 ul 的边框，如图 7-3 所示。观察图 7-3 留意两点：一是 ul 元素的宽度与其父容器等宽，呈现块元素的特点，二是在浏览器的默认样式(本书使用的浏览器是 IE 10.0 版本)下，ul 无左/右外边距，但有上/下外边距，上/下外边距大约是 16px(测试方法：首先在 Dreamweaver 的"设计"视图利用辅助线来测距，然后给 ul 添加"margin-top:16px;"样式声明后再刷新页面，显示并没有发生变化)。但是不同浏览器或者相同浏览器的不同版本其 ul 元素默认的上/下外边距是有差异的，所以通常利用之前的实例和自主训练中反复提及的"∗{ margin:0;}"CSS 规则消除这种因浏览器而产生的差异。

最后，给 div ul li 添加"border:1px ♯f00 dashed;"的样式声明，给列表项元素 li 设置一个虚线边框，如图 7-4 所示。

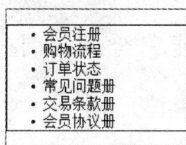

图 7-3 给 ul 元素设置边框

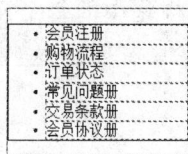

图 7-4 给 li 元素设置边框

观察图 7-4 发现一个现象：li 元素并没有与 ul 元素左对齐。按照上述同样的测试方法可知，在浏览器的默认样式下，ul 包含一个"padding-left:40px;"的声明，即浏览器默认 ul 元素的左内边距是 40px。图 7-5(a)、图 7-5(b)和图 7-5(c)分别是给 ul 添加"padding-left:20px;"、"padding-left:10px;"和"padding-left:0;"声明的浏览效果。

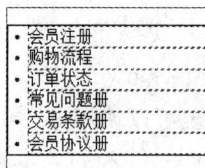

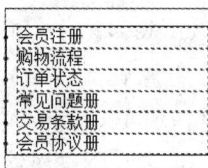

(a) ul的左内边距20px   (b) ul的左内边距10px   (c) ul的左内边距0

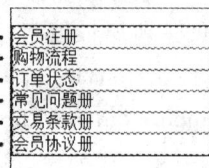

图 7-5 对比给 ul 设置不同左内边距的情形

观察图7-4和图7-5可知,列表项li的位置受ul内边距的影响,但是li相对于其左侧符号的位置并不受ul的内边距的影响。在很多情形下,无须关注这个细节,但是若给ul设置背景,这个细节就变得重要了,因为这影响列表项左侧的项目符号是否有背景的效果,如图7-5(a)中列表项左侧的项目符号是有背景效果的,而图7-5(c)的项目符号是没有背景效果的,至于图7-5(b)的项目符号是一部分有背景效果,另一部分没有。

注意:对于图7-5(b)和图7-5(c)的情形,若ul左侧没有足够的空间,列表项符号会给"挤掉",即显示不完全或者不显示。

为更清晰列表元素li盒子模型的特征,对比给列表项元素li设置外边距和内边距的情形,图7-6(b)是给li设置了"margin-left:20px;"声明的效果,而图7-7(b)是给li设置了"padding-left:20px;"的效果。

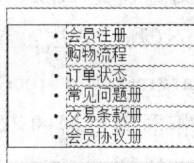

(a) li默认无外边框　　(b) 给li设置了20px的左外边框　　(a) li默认无内边框　　(b) 给li设置了20px的左外边框

图7-6　给li设置左外边距　　　　　　图7-7　给li设置左内边距

观察图7-7可知,列表项li的内容相对于其左侧符号的位置受li元素左内边距的影响。由于结构化中的每个元素都可以单独设置样式,就使得其对应的盒子模型显得复杂一些,但是只有明白这些细微的不同,才有可能完全控制列表元素的显示与布局。

7.2　列表样式

列表元素所特有的列表样式属性都是针对列表项左侧的符号/编号的,如用于控制符号/编号的类型、符号/编号的位置以及将符号/编号设置为指定图像,对应的属性分别是list-style-type、list-style-position和list-style-image。

(1) list-style-type:定义列表项左边符号/编号的类型。对于无序列表ul元素,属性list-style-type的主要属性值有:disc、circle、square和none,默认值是disc;对于有序列表ol元素,属性list-style-type的主要属性值有:decimal、lower-alpha、upper-alpha、lower-roman、upper-roman和none,默认值是decimal;甚至可以使用list-style-type属性的取值,无序列表和无序列表可以相互转化。所以属性list-style-type在某种程度上模糊了ul和ol之间的界限,但是使用ul元素和ol元素更具语义。图7-8(a)~图7-8(d)显示了给ul的list-style-type属性设置不同属性值的显示效果。

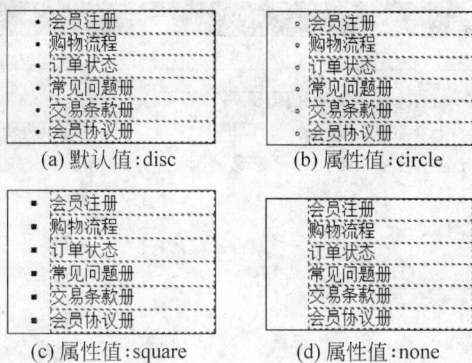

图 7-8 对比 ul 的 list-style-type 不同属性值的显示效果

（2）list-style-position：定义列表项左侧符号/编号的位置，其主要属性值有：outside 和 inside，默认值是 outside，图 7-9 对比了这两个属性值的显示效果。

（3）list-style-image：用于将列表项左边的符号/编号替换成图像。例如，若要用图片 list_bg.jpg 替换 ul 列表项左边的符号，可添加"ul{list-style-image：url（list_bg.jpg）；}"的 CSS 规则，效果如图 7-10 所示。

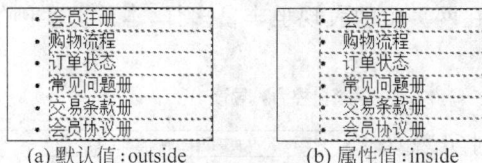

图 7-9 对比 ul 的 list-style-position 不同
属性值的显示效果

图 7-10 给 ul 设置了 list-style-
image 属性

（4）list-style：复合属性。在一条声明中可以包含上述多个单属性值，属性值之间用空格隔开，无须考虑属性值之间的顺序。

列表样式的相关属性对应 Adobe Dreamweaver 中 CSS 对话框的"列表"选项卡，如图 7-11 所示。

关于列表样式说明以下几点。

（1）若给 ul 添加"{padding-left：0；}"的样式声明，元素 ul 和 li 就等宽度了，如图 7-5(c) 所示，这在实际中经常使用。

（2）可以使用伪类 li:first-child 选择列表项中的第一个列表项。

（3）属性 list-style-position 和 list-style-image 虽然可设置列表项符号/编号的位置和图像，但是在实际使用中有比较大的局限性，所以一般采用其他方式变通，这在 7.3 节的实例中具体体现。

（4）以上介绍的列表样式属性可以施加于列表类型元素（ul 或 ol）和列表项元素 li，但是要清楚其作用范围的差异。

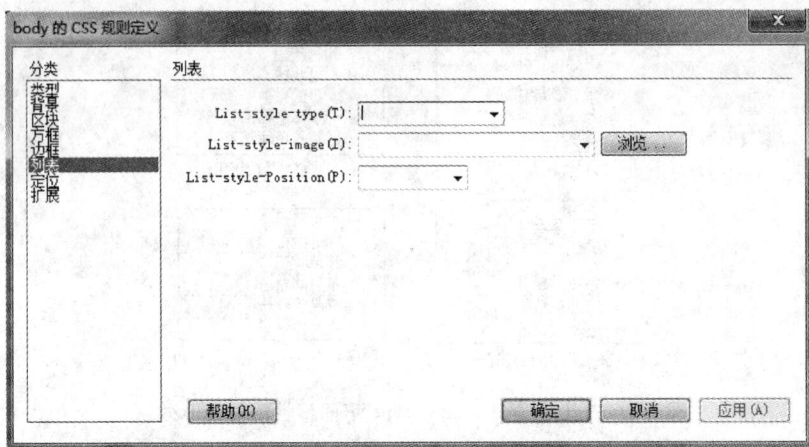

图 7-11　Dreamweaver 中 CSS 对话框的"列表"选项卡

7.3　列表元素应用实例

列表元素作为网页的重要组成元素,其在网页中的表现也丰富多样,本节以实例的方式介绍其中几种较为典型的表现效果。

例 7-1　列表样式的简单使用。基于素材 ch7\ exp7_1. html。为其添加合适的 CSS 规则实现如图 7-12 所示的效果。样式要点如下:

(1) ul 与 li 元素等宽。

(2) 列表符号内置,符号类型是 square。

(3) 给 li 元素设置下边框。

(4) 利用伪类:first-child 给列表的第一项设置上边框。

(5) 利用上/下内边距设置列表项之间的间隔。

例 7-1 配套素材 exp7_1. html 文件源代码:

《自控力》导读

- 只需10周,成功掌握自己的时间和生活。
- 提高自控力的最有效途径,在于弄清自己如何失控?
- 想放松一下,却熬夜上网;一直想减肥,总是挂败。
- 强大的意志力是每个人触手可及的。
- 《自控力》就是专门为你而写的。

图 7-12　例 7-1 效果

```
<!DOCTYPE html PUBLIC "-//W3C//DTD XHTML 1.0 Transitional//EN" "http://www.
w3.org/TR/xhtml1/DTD/xhtml1-transitional.dtd">
<html xmlns="http://www.w3.org/1999/xhtml">
<head>
<meta http-equiv="Content-Type" content="text/html; charset=utf-8" />
<title>体验列表样式</title>
</head>
<style type="text/css">
.book{
    width:350px;
    margin:2px auto;
}
.book ul{
    font-size:13px;
```

```
}
</style>
<body>
<div class="book">
    <h3>《自控力》导读</h3>
    <ul>
    <li>只需 10 周,成功掌握自己的时间和生活。</li>
    <li>提高自控力的最有效途径,在于弄清自己如何失控?</li>
    <li>想放松一下,却熬夜上网;一直想减肥,总是挫败。</li>
    <li>强大的意志力是每个人触手可及的。</li>
    <li>《自控力》就是专门为你而写的。</li>
    </ul>
</body>
</html>
```

实施过程如下。

(1) 先查看 XHTML 代码结构,浏览效果。

(2) ul 与 li 元素等宽:给 ul 添加"padding-left:0;"的声明。

(3) 列表符号内置,符号类型是 square:给 ul 添加"list-style-type:square;list-style-position:inside;"的样式声明。

(4) 给 li 元素设置下边框:给 ul li 添加"border-bottom:1px solid #000;"的声明。

(5) 给列表的第一项设置上边框:添加"ul li:first-child{border-top:1px solid #000;}"的 CSS 规则。

(6) 设置列表项之间的间隔:利用给 li 元素设置上/下内边距的方式加大 li 元素之间的间隔,以避免采用上/下外边距的方式所形成的空白(在有背景的情形下需要处理这种情形)。给 ul li 添加"padding:0.3em 0;"的声明。设置好的 CSS 如图 7-13 所示,注意粗体部分文字。

```
<style type="text/css">
    .book{
        width:350px;
        margin:2px auto;
    }
    .book ul{
        padding-left:0;
        list-style-type:square;
        list-style-position:inside;
        font-size:13px;
    }
    .book ul li{
        padding:0.3em 0;
        border-bottom:1px solid #000;
    }
    .book ul li:first-child{
        border-top:1px solid #000;
    }
</style>
```

图 7-13　设置好的 CSS

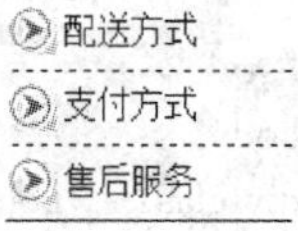

例 7-2 利用列表项制作垂直导航栏且以背景的方式设置列表符号。基于素材中的 ch7\exp7-2 文件夹,通过给页面 exp7_2.html 设置合适的 CSS,使其实现如图 7-14 所示效果。要求如下。

❯ 配送方式

❯ 支付方式

❯ 售后服务

图 7-14 例 7-2 浏览效果

(1)取消 ul 的左内边距和列表项符号。

(2)扩大 a 元素的单击区域,并将图片 images/dot.gif 作为其背景,有下边框线(厚度为 1px,颜色是♯333,线型是虚线)。

例 7-2 配套素材中 exp7_2.html 文件源代码:

```
<! DOCTYPE html PUBLIC "-//W3C//DTD XHTML 1.0 Transitional//EN" "http://www.
w3.org/TR/xhtml1/DTD/xhtml1-transitional.dtd">
<html xmlns="http://www.w3.org/1999/xhtml">
<head>
<meta http-equiv="Content-Type" content="text/html; charset=utf-8" />
<title>体验利用列表项制作垂直导航栏</title>
<style type="text/css">
  body{
      font-size:14px;
  }
  div.sider{
        width:120px;
  }
  a{
    text-decoration:none;
    color:♯333;
  }
  div.sider ul li{
    margin-top:6px;
  }
  div.sider ul li a:hover{
    color:♯03c;
    border-bottom:1px solid ♯03c;
  }
</style>
</head>

<body>
  <div class="sider">
    <ul>
        <li class="l1"> <a href="♯">配送方式</a></li>
        <li class="l2"><a href="♯">支付方式</a></li>
        <li><a href="♯"> 售后服务</a></li>
    </ul>
  </div>
</body>
</html>
```

实施过程如下。

（1）取消 ul 的左内边距和列表项符号：给 ul 添加"padding-left：0；list-style-type：none；"的样式声明。

（2）扩大 a 元素的单击区域：给 a 元素添加"display：block；"的声明。

（3）给 a 元素设置图片背景：查看图片 images/dot. gif 的尺寸大小是宽度为 22px、高度为 20px，为了让图片正常显示，a 元素的高度应大于或等于 20px，同时需要将文本缩进 22px 以上的距离以腾出图片显示的空间，所以给 a 添加"height：20px；text-indent：25px；background：url(images/dot. gif) no-repeat；"的样式声明。

（4）调整文本在垂直方向的位置：给 a 元素添加"line-height：20px；"的声明。

（5）给 a 元素添加下边线并调整文本与下边线之间的空间，给 a 元素添加"border-bottom：1px dashed ♯333；padding-bottom：3px；"的声明。添加的 CSS 如图 7-15 所示。

```
div. sider ul{
        padding-left:0;
        list-style-type:none;
}
div. sider ul li a{
        display:block;
        text-indent:25px;
        height:20px;
        padding-bottom:3px;
        line-height:20px;
        background: url(images/dot.gif) no-repeat;
        border-bottom:1px dashed ♯333;
}
```

图 7-15　设置好的 CSS

注意：调整文本与背景图片的相对位置，一方面可以利用属性 line-height 来调整文本在垂直方向的位置，另一方面可以利用 background-position 属性改变背景图片的位置，还可以通过影响盒子模型高度方向尺寸的 height 属性和上/下内边距属性等多种方式来实现。

例 7-3　利用列表制作水平菜单栏：基于素材 ch7\exp7_3. html 文件，为其添加合适的 CSS 规则实现如图 7-16 所示的效果。

配送方式　支付方式　售后服务　支持及下载

图 7-16　例 7-3 所示的水平菜单栏

例 7-3 配套素材 exp7_3. html 文件源代码：

```
<!DOCTYPE html PUBLIC "-//W3C//DTD XHTML 1.0 Transitional//EN" "http://www.w3.org/TR/xhtml1/DTD/xhtml1-transitional.dtd">
<html xmlns="http://www.w3.org/1999/xhtml">
<head>
<meta http-equiv="Content-Type" content="text/html; charset=utf-8" />
<title>体验利用列表制作水平菜单</title>
<style type="text/css">
  body{
```

```
        font-size:13px;
    }
    a{
        text-decoration:none;
        color:#000;
    }
    </style>
</head>

<body>
    <div class="nav">
        <ul>
            <li class="l1"> <a href="#">配送方式</a>
            </li>
            <li class="l2"><a href="#">支付方式</a>
            </li>
            <li><a href="#"> 售后服务</a>
            </li>
            <li><a href="#">支持及下载</a></li>
        </ul>
    </div>
</body>
</html>
```

说明：利用列表元素制作水平菜单栏是实际的网页设计中经常要用到的 CSS 技术，只要把握其中几个主要声明就可以比较容易地实现，至于背景和边框等效果设计就看实际需要了。为了进一步加深对列表元素的盒子模型和 float 属性的理解，本例将比较详细地介绍其实现过程。

实现过程如下。

（1）查看源代码和浏览效果。

（2）确认各元素的盒子模型：为清晰代码中 div、ul、li 和 a 这 4 个元素的盒子，分别给它们设置不同颜色的边框，具体的 CSS 规则如图 7-17 所示，对应的浏览效果如图 7-18 所示。查看图 7-18 可再次验证在浏览器的默认样式下 ul 元素的上/下外边距和左内边距、列表项呈现上下堆叠排列、行内元素 a 所在宽度是内容自适应（即包裹内容）的特点。

```
div.nav{
    border:2px #000 dashed;
}
div.nav ul{
    border:1px #f00 solid;
}
  div.nav ul li{
      border:1px #0f0 solid;
  }
  div.nav ul li a{
      border:1px #00f solid;
  }
```

图 7-17　加边框的 CSS 规则

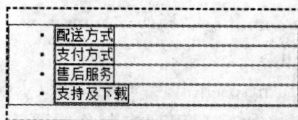

图 7-18　带边框的 div、ul、li 和 a 元素

（3）取消浏览器默认的内/外边距和列表项左侧的符号：添加"＊{margin：0；padding：0；list-style-type：none；}"的 CSS 规则，页面浏览效果如图 7-19 所示。

（4）让列表项呈水平并排放置：给 li 元素添加"float：left；"的声明，页面浏览效果如图 7-20 所示。其特点是 li 元素的边框"包裹"a 元素的边框（若给 li 设置一个右外边距会看得更清楚），而 ul 和 div 仅显示不包含任何内容的边框，因为它们之中没有包含不浮动的元素了。

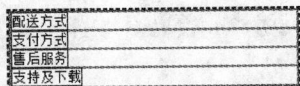

图 7-19 取消内/外边距后的效果　　　图 7-20 列表项水平并排放置

（5）让 ul 元素的大小适应 li 的大小：给 ul 元素添加"float：left；"的声明，页面浏览效果如图 7-21 所示。其特点是 ul 元素的边框"包裹"li 元素的边框，而 div 仍显示不包含任何内容边框，因为它没有包含不浮动的元素。

（6）让 div 元素的大小适应 ul 的大小：给 div 元素添加"float：left；"的声明，页面浏览效果如图 7-22 所示。其特点是 div 元素的边框"包裹"ul 元素的边框。本步骤和步骤（4）、步骤（5）都验证了"浮动元素会紧紧地包裹住其中浮动的子元素"这一特点。

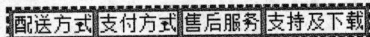

图 7-21 ul 元素"包裹"li 元素　　　图 7-22 div 元素"包裹"ul 元素

（7）扩大 a 元素的单击区域：给 a 元素添加"{ display：block；width：8em；padding：0.2em 0；}"的样式声明，页面浏览效果如图 7-23 所示。其中将 a 元素转换成块元素的声明 display：block 很重要。

图 7-23 a 元素转换成块并扩大其单击区域

（8）让文本在块内居中，并加大文字之间间隔：给 a 元素添加"{ text-align：center；letter-spacing：0.2em；}"的样式声明，页面浏览效果如图 7-24 所示。

图 7-24 文字居中对齐并调整文字的间隔

（9）取消 div、ul、li 和 a 元素的边框，页面的浏览效果如图 7-25 所示。

图 7-25 取消所有元素的边框

（10）给 a 元素及其悬停状态设置背景和文字颜色：给 a 元素添加"background：＃ccc；color：＃03f；"的样式声明，给 a：hover 添加"background：＃f90；color：＃fff；"的样

式声明,页面的浏览效果如图 7-26 所示。

图 7-26　给 a 元素及悬停状态设置效果

（11）给列表项设置一个右外边距加强效果：给 li 元素添加“margin-right:3px;”的样式声明,页面浏览效果图 7-27 所示。

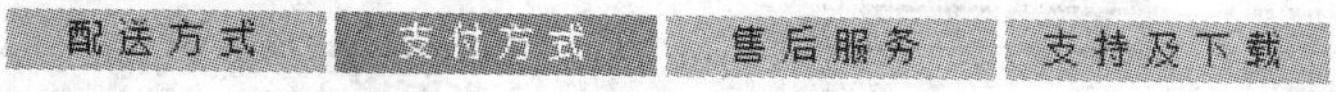

图 7-27　例 7-3 设置好的效果

例 7-3 设置好的 CSS 规则代码（注意粗体部分）：

```
<style type="text/css">
body{
    font-size:13px;
    }
a{
    text-decoration:none;
    color:#000;
    }
*{ margin:0;
    padding:0;
    list-style-type:none;
    }
div.nav{
    float:left;
    }
div.nav ul{
    float:left;
    }
div.nav ul li{
    float:left;
    margin-right:3px;
    }
div.nav ul li a{
    display:block;
    width:8em;
    padding:0.2em 0 ;
    text-align:center;
    letter-spacing:0.2em;
    background:#ccc;
    color:#03f;
    }
div.nav ul li a:hover{
    background:#f90;
```

```
        color:#fff;
    }
</style>
```

例 7-4　利用列表元素的嵌套制作水平下拉菜单：基于素材中的 ch7\exp7_4.html
文件，为其添加合适的 CSS 规则实现如图 7-28 所示的效果。

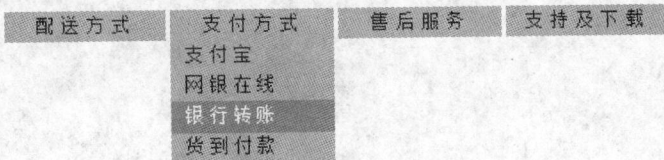

图 7-28　例 7-4 浏览效果

例 7-4 配套素材 exp7_4.html 文件源代码：

```
<!DOCTYPE html PUBLIC "-//W3C//DTD XHTML 1.0 Transitional//EN" "http://www.
w3.org/TR/xhtml1/DTD/xhtml1-transitional.dtd">
<html xmlns="http://www.w3.org/1999/xhtml">
<head>
<meta http-equiv="Content-Type" content="text/html; charset=utf-8" />
<title>体验利用列表的嵌套制作水平下拉菜单</title>
<style type="text/css">
  body{
      margin:4px 0 0 4px;
      font-size:13px;
  }
  a{
      text-decoration:none;
  }

  *{
      padding:0;
      margin:0;
      list-style-type:none;
  }

  div.nav ul li{
      margin-right:3px;
      float:left;
  }

  div.nav ul li a{
      display:block;
      width:8em;
      padding:0.2em;
      text-align:center;
      letter-spacing:0.3em;
```

```
            background: #ccc;
            color: #03f;
        }
    div.nav ul li a:hover{
            background: #f90;
            color: #fff;
        }
</style>
</head>


<body>
  <div class="nav">
    <ul>
        <li class="l1"> <a href="#">配送方式</a>
          <ul>
            <li><a href="#">上门自提册</a> </li>
            <li><a href="#">标准快递册</a> </li>
            <li><a href="#">特快专递册</a> </li>
            <li><a href="#">EMS易邮宝册</a> </li>
          </ul>
        </li>
        <li class="l2"><a href="#">支付方式</a>
          <ul>
            <li><a href="#">支付宝</a> </li>
            <li><a href="#">网银在线</a> </li>
            <li><a href="#">银行转账</a> </li>
            <li><a href="#">货到付款</a> </li>
          </ul>
        </li>
        <li><a href="#">售后服务</a>
          <ul>
            <li><a href="#">退/换货政策</a></li>
            <li><a href="#">保修条款</a> </li>
          </ul>
        </li>
        <li><a href="#">支持及下载</a></li>
    </ul>
  </div>
</body>
</html>
```

说明：本例的 XHTML 代码是例 7-3 代码的扩充，具体是在一级菜单对应的列表项中嵌入了作为下拉菜单的无序列表，注意列表嵌入的写法是<li> <ul>…</ul> </li>的结构。本例实现的关键是 postion 属性和 display 属性的应用，这两个属性的初次体验已在第 4 章的相关训练中体现过，本章重温一次。

实现过程如下。

（1）查看代码并浏览效果。

（2）注释用于下拉菜单的列表元素 ul，再次浏览效果，发现就是例 7-3 的效果，所以水平下拉菜单的制作就是先将一级菜单设置好，然后在一级菜单的各列表项中嵌入列表元素，然后再开始下面的步骤（注意记得取消刚才的注释）。

（3）隐藏下拉菜单：添加 div. nav ul li ul{display:none;}的 CSS 规则，浏览效果。

（4）设置下拉列表 ul 为绝对定位，同时将其父元素 li 设置为相对定位，产生一个用于其子元素 ul 绝对定位的环境：分别添加 div. nav ul li ul{position:absolute;}的 CSS 规则（这是用作下拉菜单的子元素 ul）和 div. nav ul li {position:relative;}的 CSS 规则（这是下拉菜单的子元素 ul 的父元素 li）的 CSS 规则，注意其中的父子关系。

（5）当鼠标悬停时显示下拉菜单：添加 div. nav ul li:hover ul{display:block;}的 CSS 规则，页面浏览效果如图 7-29 所示。

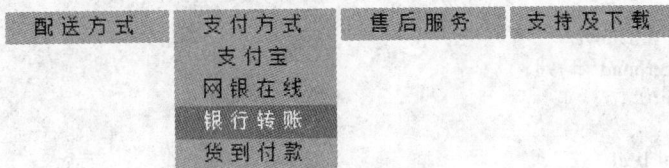

图 7-29　显示下拉菜单

（6）设置下拉菜单中文字的对齐、缩进和文字间距：给 div. nav ul li ul li a 添加"text-align:left;text-indent:0.5em;letter-spacing:0.2em;"的样式声明，页面浏览效果如图 7-30 所示。

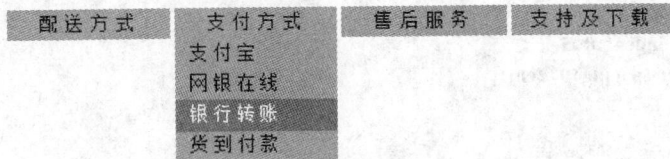

图 7-30　调整好的效果

例 7-4 设置好的 CSS 规则代码（注意粗体部分）：

```
<style type="text/css">
  body{
      margin:4px 0 0 4px;
      font-size:13px;
  }
  a{
      text-decoration:none;
  }

  *{
      padding:0;
      margin:0;
      list-style-type:none;
  }
```

```
        div.nav ul li{
            margin-right:3px;
            float:left;
            position:relative;
        }
        div.nav ul li a{
            display:block;
            width:8em;
            padding:0.2em 0;
            text-align:center;
            letter-spacing:0.3em;
            background:#ccc;
            color:#03f;
        }
        div.nav ul li a:hover{
            background:#f90;
            color:#fff;
        }
        div.nav ul li ul{
            display:none;
            position:absolute;
        }
        div.nav ul li:hover ul{
            display:block;
        }
        div.nav ul li ul li a{
            text-align:left;
            text-indent:0.5em;
            letter-spacing:0.2em;
        }
</style>
```

　　读者可依照以上思路,在例 7-4 代码的基础上再嵌入列表,设置相应的 CSS 来制作一个三级菜单。

　　本章在对列表元素盒子模型详细了解的基础上介绍了列表样式及其典型应用,使用列表元素制作垂直导航栏和水平菜单是 CSS 基于列表元素最基本的实践。使用纯粹的 CSS 创建来自列表项的导航可生成更实用、灵活和对搜索引擎更好的显示效果,可被使用所有风格和种类设备的用户访问。

选 择 题

(1) 在浏览器默认的样式下,对 ul 元素所对应的盒子模型,以下描述错误的是(　　)。

　　A. 有上下外边距　　　　　　　　　　B. 有约 40px 的左内边距

　　C. 其宽度与所在父容器等宽　　　　　D. 以上说法都不对

(2) 在浏览器默认的样式下,关于 ul 元素中列表符号的位置,以下说法正确的是(　　)。

　　A. 与 ul 的左边框有 40px 的间距　　　B. 形状是实心方框

C. 列表符号在 li 元素的外侧　　　　　D. 不显示

(3) 如需取消 ul 元素中的列表符号,应添加的 CSS 规则是(　　)。

A. ul{list-style-position:inside;}

B. ul{list-style:none;}

C. ul li:first-child{list-style-type:none;}

D. ul{padding-left:0;}

(4) 如需列表项水平并排显示,且被 ul 元素的边框包裹,应添加的 CSS 规则是(　　)。

A. ul,li{float:left;}　　　　　　　B. li{float:left;}

C. ul{float:left;}　　　　　　　　D. ul,li{float:none;}

(5) 如有"<ul> <li class="good">…</li></ul>"的代码,以下正确的选择符是(　　)。

A. ul li.class　　　B. ul.class　　　C. ul li .class　　　D. ul .class

(6) 如需给 ul 元素的第 1 个列表项单独设置样式,如何确定其定位,以下说法错误的是(　　)。

A. 可利用 li:first-child 来选择第一个列表项元素

B. 可给第 1 个列表项添加 id 属性来标识

C. 可给第 1 个列表项添加 class 属性来标识

D. 以上说法中,说法 A 和 B 正确,说法 C 错误

自 主 训 练

练习 7-1:利用列表元素制作垂直导航栏。基于素材 ex7\ex7-1 文件夹,给页面文件 ex7_1.html 的相关元素设置合适的 CSS 规则,使页面实现如图 7-31 所示的效果,也可对照素材文件夹中的 ex7_1.Jpg 图片文件。操作要点如下。

(1) 扩充 a 元素的单击区域为所在行宽度。

(2) a 元素的背景、下边线和文本颜色有悬停效果。

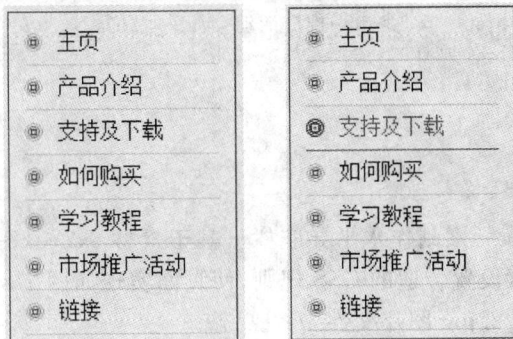

(a) 正常状态　　　　(b) 悬停状态

图 7-31　练习 7-1 效果图

练习 7-1 配套素材中 ex7_1.html 文件源代码：

```
<!DOCTYPE html PUBLIC "-//W3C//DTD XHTML 1.0 Transitional//EN"
"http://www.w3.org/TR/xhtml1/DTD/xhtml1-transitional.dtd">
<html xmlns="http://www.w3.org/1999/xhtml">
<head>
<meta http-equiv="Content-Type" content="text/html; charset=gb2312" />
<title>体验列表项制作垂直菜单</title>
<style type="text/css">
* {
    margin:0;
    padding:0;
    list-style-type:none;
    font-size:13px;
    text-decoration:none;
    border:none;

}
body {
    background:#f3f3eb;
}

#content{
    margin:4px auto;
    width:150px;
}
</style>
</head>

<body>
  <div id="content">
    <ul>
      <li><a href="#">主页</a></li>
        <li><a href="#">产品介绍</a></li>
        <li><a href="#">支持及下载</a></li>
        <li><a href="#">如何购买</a></li>
        <li><a href="#">学习教程</a></li>
        <li><a href="#">市场推广活动</a></li>
        <li><a href="#">链接</a></li>
    </ul>
  </div>
</body>
</html>
```

练习 7-2：利用列表元素制作水平导航栏。基于素材 ex7\ex7-2 文件夹，给页面文件 ex7_2.html 的相关元素设置合适的 CSS 规则，使页面实现如图 7-32 所示的效果，也可对照素材文件夹中的 ex7_2.jpg 图片文件。

主页　产品介绍　支持及下载　如何购买　学习教程　市场推广活动　链接

图 7-32　练习 7-2 效果图

练习 7-2 配套素材中 ex7_2.html 文件源代码：

```
<!DOCTYPE html PUBLIC "-//W3C//DTD XHTML 1.0 Transitional//EN" "http://www.
w3.org/TR/xhtml1/DTD/xhtml1-transitional.dtd">
<html xmlns="http://www.w3.org/1999/xhtml">
<head>
<meta http-equiv="Content-Type" content="text/html; charset=gb2312" />
<title>体验列表项制作水平菜单</title>
<style type="text/css">
* {
    margin:0;
    padding:0;
    list-style-type:none;
    font-size:13px;
    text-decoration:none;
}

#wrapper{
    width:545px;
    margin:5px auto;
}

</style>
</head>

<body>
    <div id="wrapper">
        <ul>
            <li><a href="#">主页 </a> </li>
            <li><a href="#">产品介绍</a></li>
            <li><a href="#">支持及下载</a></li>
            <li><a href="#">如何购买</a></li>
            <li><a href="#">学习教程</a></li>
            <li><a href="#">市场推广活动</a></li>
            <li ><a href="#">链接</a></li>
        </ul>
    </div>
</body>
</html>
```

练习 7-3：利用列表元素的嵌套制作二级菜单。基于素材 ex7\ex7-3 文件夹，给页面文件 ex7_3.html 的相关元素设置合适的 CSS 规则，使页面实现如图 7-33 所示的效果，也可对照素材文件夹中的 ex7_3.jpg 图片文件。

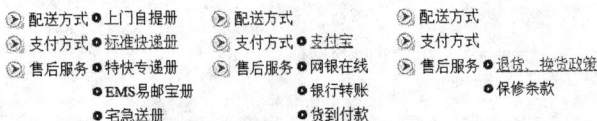

图 7-33　练习 7-3 效果图

练习 7-3 配套素材中 ex7_3.html 文件源代码:

```
<!DOCTYPE html PUBLIC "-//W3C//DTD XHTML 1.0 Transitional//EN" "http://www.
w3.org/TR/xhtml1/DTD/xhtml1-transitional.dtd">
<html xmlns="http://www.w3.org/1999/xhtml">
<head>
<meta http-equiv="Content-Type" content="text/html; charset=utf-8" />
<title>体验利用列表的嵌套制作二级菜单</title>
<style type="text/css">

    ul{
        padding-left:0;
        list-style-type:none;
    }
    a{
        text-decoration:none;
        color:#333;
    }
    a:hover{
        text-decoration:underline;
        color:#f00;
    }
</style>
</head>


<body>
    <div class="sider">
      <ul>
          <li class="l1"> <a href="#">配送方式</a>
            <ul>
                <li><a href="#">上门自提册</a> </li>
                <li><a href="#">标准快递册</a> </li>
                <li><a href="#">特快专递册</a> </li>
                <li><a href="#">EMS 易邮宝册</a> </li>
                <li><a href="#">宅急送册</a> </li>
            </ul>
          </li>
          <li class="l2"><a href="#"> 支付方式</a>
            <ul>
                <li><a href="#">支付宝</a> </li>
                <li><a href="#">网银在线</a> </li>
                <li><a href="#">银行转账</a> </li>
                <li><a href="#">货到付款</a> </li>
            </ul>
          </li>
          <li><a href="#">售后服务</a>
            <ul>
                <li><a href="#">退货、换货政策</a></li>
                <li><a href="#">保修条款</a> </li>
```

```
            </ul>
          </li>
        </ul>
      </div>
   </body>
</html>
```

练习 7-4：综合练习 XHTML 代码的编写和 CSS 的设置。基于素材 ex7\ex7-4 文件夹中的文字素材和图片素材，参照图 7-34 的效果或者素材文件夹中的 ex7_3.Jpg 图片，编写页面的 XHTML 代码，并设置合适的 CSS 代码。要点如下。

(1)"读"图：确定页面总体结构，即几行几列的布局。

(2) 编写富有语义、结构良好的 XHTML 代码。

(3) 细化每个结构的内部元素。

(4) 编写 CSS 样式。

① 实现整个页面的初始化的 CSS。

② 实现布局的 CSS。

③ 综合素材和效果图编写各个元素的 CSS。

④ 给各个 a 元素编写实现悬停效果的 CSS。

(5) 优化站点文件结构。

① 采用链接式的 CSS。

② 实现内容图片和作为背景的装饰性图片的分类管理。

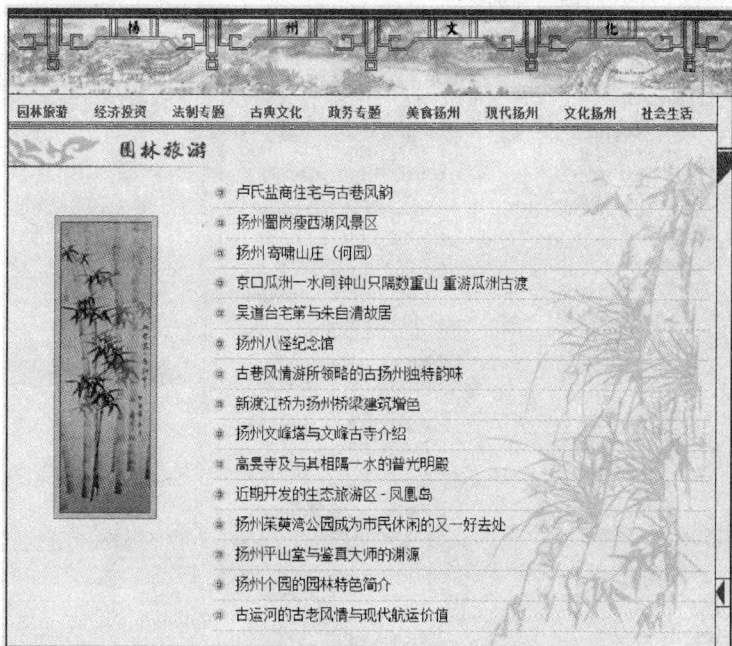

图 7-34　参考效果图

第8章

网页模板和库的创建及应用

一般软件都提供模板和库项目的功能,只是体现和具体的实现不同,模板是文件级的,而库项目是元件级的(在网页设计中可将库项目理解为自定义的元素,而其他应用软件根据行业习惯可称之为元件、零件或者库等),其本质都是为了提高设计效率、保持设计风格的一致、强化设计效果的整体感等。网页制作专业软件 Dreamweaver 所提供的网页模板和库项目的创建与使用功能,在实际中是经常用到的,本章将基于 Dreamweaver CS5 采用实例的方式介绍与模板和库项目的创建与使用相关的知识和要点。

8.1 网页模板的创建与编辑

在 Dreamweaver 环境中,任何一个网页都是基于一个网页模板创建的,刚开始时是基于一个空白页的模板,如图 8-1 所示。

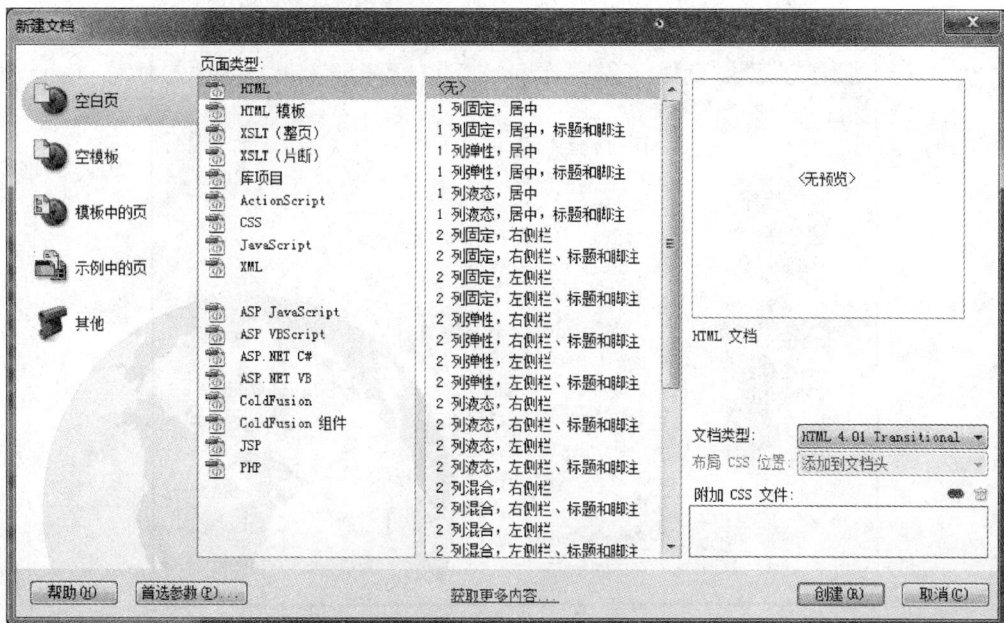

图 8-1 基于"空白页"模板创建页面

　　在实际的网站设计与制作中,为体现网站的整体感、保持设计风格的一致和提高设计与开发效率,需要创建自己的模板,然后基于模板来创建其他页面。如图 8-2 和图 8-3 所示的两个页面,其整体风格是一样的、页眉/页脚和左侧的导航栏也都完全相同,依据导航栏,这样的页面是 11 个,页面之间唯一的不同只是中间部分的右侧内容栏,在这种情形下,创建模板是很自然的需要。

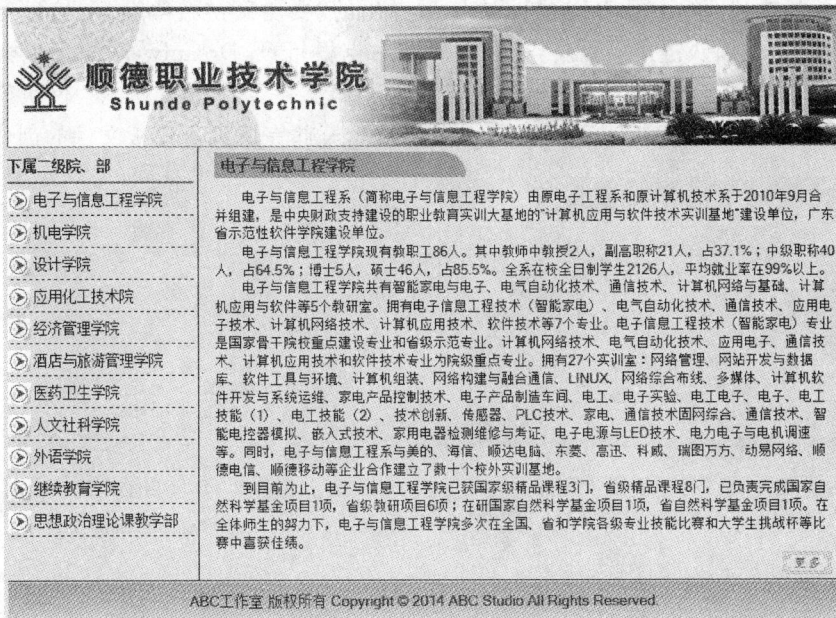

图 8-2　页面 1

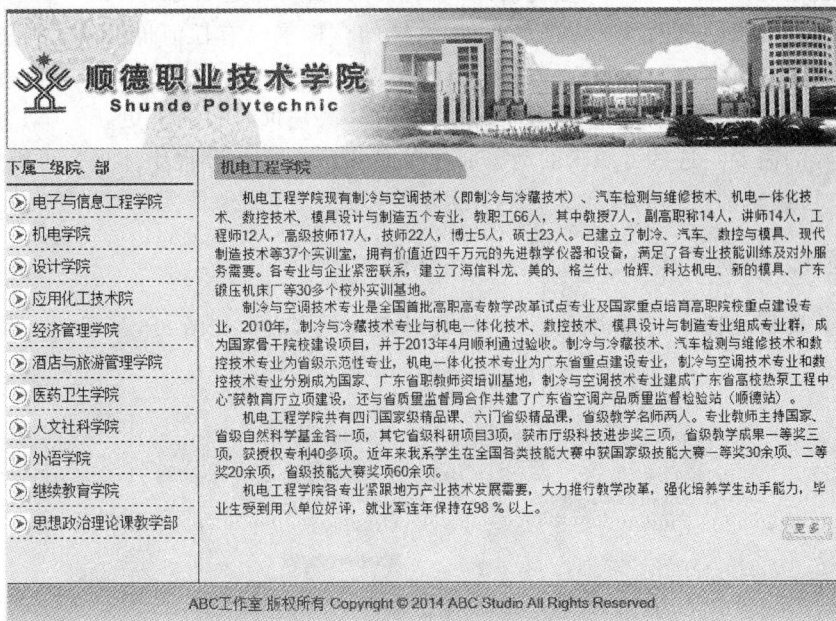

图 8-3　页面 2

8.1.1　网页模板的创建

　　一般是基于现有的网页创建模板。在用于创建模板的网页准备就绪后,选择"文件"→
"另存为模板"命令,弹出如图 8-4 所示的"另存模板"对话框。

　　在"另存模板"对话框中的"另存为"文本框中输入模板文件名(如 intro_depart),按需
要输入相关的描述,单击"保存"按钮;在随后弹出的"要更新链接吗"提示信息对话框中
单击"是"按钮,以确认链接的更新,在网页所在站点根目录,Dreamweaver 环境会自动创
建一个名为 Templates(模板)的文件夹用于存放模板文件,如图 8-5 所示。网页模板文件
的扩展名是.dwt(Dreamweaver Template 的缩略),至此完成网页模板文件的创建。

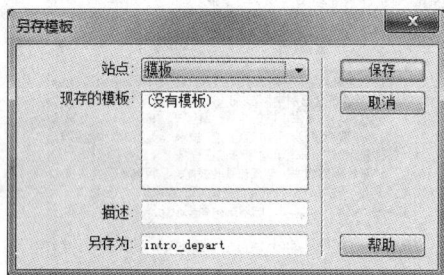

图 8-4　"另存模板"对话框

图 8-5　环境自动创建一个名为
　　　　　Templates 的文件夹

8.1.2　网页模板的编辑

　　模板创建完成后,系统默认所有的区域在新的页面中都是不可编辑的,即不可以对基
于这样的网页模板创建的网页做任何修改,这样的模板是没有任何价值的。利用模板最
基本的目的是对页面中固定不变的区域(姑且称之为静态部分)进行固化,以保持网站风
格的统一,提高网站设计和制作的效率,而其他的区域是可以按需来更新的(动态部分),
以满足实际的需要。这些可编辑的动态部分在 Dreamweaver 环境中体现为可编辑区域、
可选区域、可编辑的可选区域和令属性可编辑等形式,以下逐一介绍。

　　1. 定义可编辑区域、可选区域和可编辑的可选区域

　　在网页模板文档中,选择"插入"→"模板对象"命令,产生如图 8-6 所示的二级菜单。

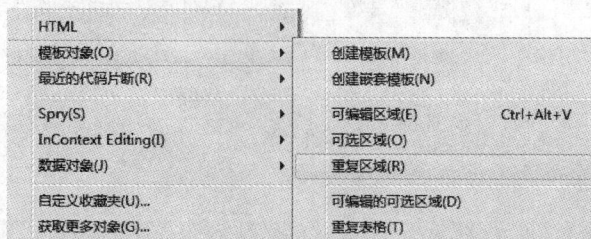

图 8-6　选择"插入"→"模板对象"命令后产生的二级菜单

（1）可编辑区域：将选中的区域（即 XHTML 元素）定义为基于模板生成的页面中可以修改的区域。该区域可以是任何 XHTML 元素，如 div、标题和图片等。例如，将模板中元素"<h3><a href="＃">园林旅游</a></h3>"定义成可编辑区域，只要选中该元素，然后选择"插入"→"模板对象"→"可编辑区域"命令，该操作完成后，环境就自动在 h3 元素的前后添加如图 8-7 所示代码的注释代码（斜体部分标识），表明 h3 元素在基于该模板创建的网页中是可以编辑的。

```
<!-- TemplateBeginEditable name="EditRegion3" -->
<h3><a href="＃">园林旅游</a></h3>
<!-- TemplateEndEditable -->
```

图 8-7　模板文件中可编辑区域标识

（2）可选区域：定义基于模板生成的页面中可以显示或者不显示的区域。例如，将模板中元素"<h3><a href="＃">园林旅游</a></h3>"定义成可选区域，只要选中该元素，然后选择"插入"→"模板对象"→"可选区域"命令，该操作完成后，环境就自动在 h3 元素的前后添加如图 8-8 所示的注释代码（斜体部分标识），表明 h3 元素在基于该模板创建的网页中是可以显示或者隐藏的。

```
<!-- TemplateBeginIf cond="OptionalRegion1" -->
<h3><a href="＃">园林旅游</a></h3>
<!-- TemplateEndIf -->
```

图 8-8　模板文件中可选区域标识

（3）可编辑的可选区域：定义基于模板生成的页面中可以显示或不显示的可编辑区域。例如，将模板中元素"<h3><a href="＃">园林旅游</a></h3>"定义成可编辑的可选区域，只要选中该元素，然后选择"插入"→"模板对象"→"可编辑的可选区域"命令，该操作完成后，环境就自动在 h3 元素的前后添加如图 8-9 所示的注释代码（斜体部分标识），表明 h3 元素在基于该模板创建的网页中是可以显示或不显示的可编辑区域。

```
<!-- TemplateBeginIf cond="OptionalRegion1" -->
<!-- TemplateBeginEditable name="EditRegion3" -->
<h3><a href="＃">园林旅游</a></h3>
<!-- TemplateEndEditable --><!-- TemplateEndIf -->
```

图 8-9　模板文件中可编辑的可选区域标识

2．删除可编辑区域、可选区域和可编辑的可选区域

这里以刚才定义好的 h3 为例，选中 h3 元素，然后选择"修改"→"模板"→"删除模板标记"命令或者直接在模板文档中手工删除上述斜体部分字符即可。

3．定义"令属性可编辑"选项

"令属性可编辑"选项就是在模板中定义元素可编辑的属性，以便在基于该模板生成的网页中可以对元素相应的属性进行修改。下面以给元素"<h3><a href="＃">园林旅游</a></h3>"设置可编辑的背景为例来说明这一实现过程。

（1）首先选取"<h3><a href="♯">园林旅游</a></h3>"，然后选择"修改"→"模板"命令，产生如图 8-10 所示的二级菜单，选中其中的"令属性可编辑"命令。

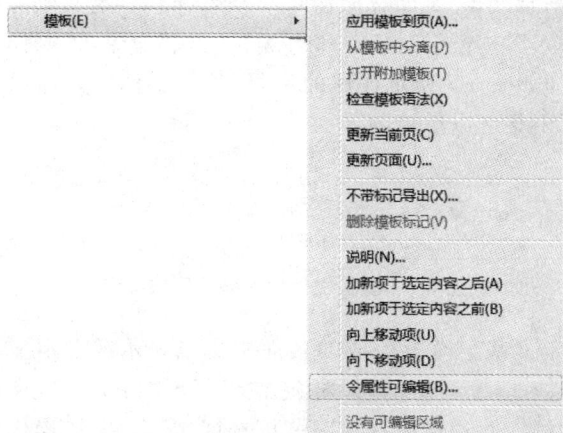

图 8-10　选择"修改"→"模板"命令后产生的二级菜单

② 在弹出的如图 8-11 所示的"可编辑标签属性"对话框中，单击"添加"按钮。

③ 弹出如图 8-12 所示的 Dreamweaver 对话框，在文本框中键入 style（性质有点像利用 style 属性给 h3 元素加上一个行内 CSS），单击"确定"按钮返回。

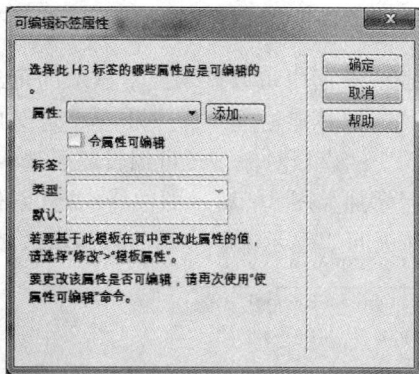

图 8-11　"可编辑标签属性"对话框

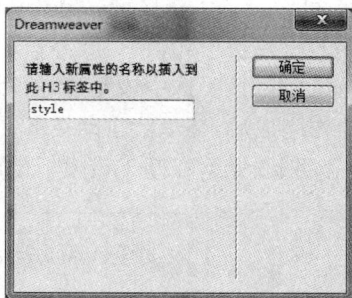

图 8-12　Dreamweaver 对话框

④ 在如图 8-13 所示的"可编辑标签属性"对话框中，各选项说明如下。

标签：用于输入一个自定义的变量，如图 8-13 中的 h3_bg。

类型：用于确定属性值的数据类型。如 style 属性其对应的属性值类型为"文本"，任何元素都具有 style 属性，所以选择 style 作为属性，具有很强的通用性。

默认：用于确定属性的默认值。如这里设置 style 属性的默认值是："background：♯ccc；"。只要是符合 CSS 规范的 background 声明都可以，这一行用于设置基于该模板页面，页面中 h3 元素的默认背景是♯ccc 的背景色。单击"确定"按钮，返回模板文档，这时选中的 h3 元素变为"<h3 *style*="@@(h3_bg)@@" ><a href="♯">园林旅游</a></h3>"，其中环境自动添加的斜体文字：*style*="@@(h3_bg)@@"，就是与

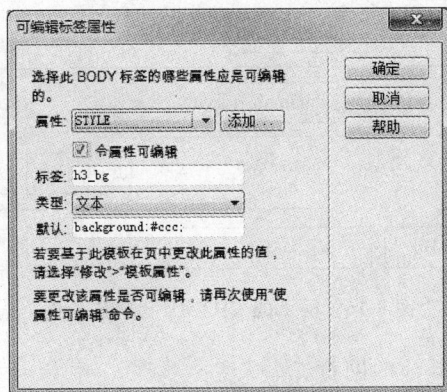

图 8-13 "可编辑标签属性"对话框的各个参数

图 8-13 所示对话框相关参数的呼应。

4．删除"令属性可编辑"选项

若要删除区域的设置，可选中元素 h3，选择"修改"→"模板"→"令属性可编辑"命令，删除图 8-13 所示对话框中的标签，或者直接在模板文档中手工删除上述斜体字符即可。

8.1.3　网页模板的应用实例

假设创建一个网站来发布学校各个机构的信息，网页效果如图 8-2 所示。相关的文字和图片素材已准备就绪，图 8-2 所示的网页布局如图 8-14 所示，网站中的所有页面除了中间部分＃main ＃content 的内容不同外，其余都相同。相应网页的 XHTML 代码结构如图 8-15 所示。

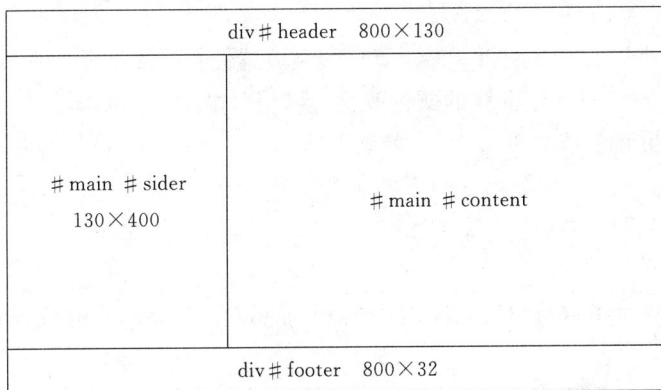

图 8-14　网页布局图

创建该网站的主要步骤如下。

(1) 清楚需求，收集整理相关的文字和图片素材。

(2) 创建一个能达到显示效果的完整网页。

(3) 基于该网页创建网页模板，编辑网页模板。

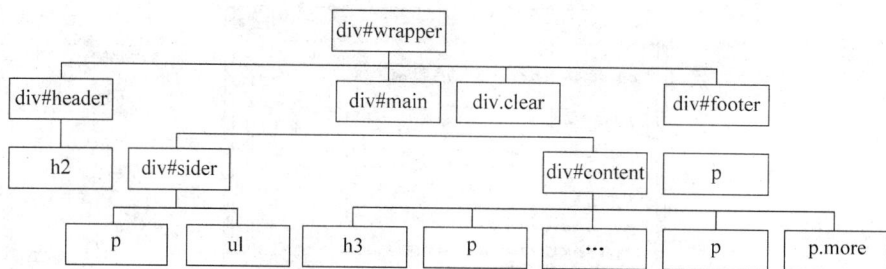

图 8-15　网页的 XHTML 代码结构图

（4）基于该模板创建其他的网页。

假设上述步骤（1）和步骤（2）已准备就绪，相关的文档已形成。下面以例题的形式完成步骤（3）和步骤（4）。

例 8-1　基于素材 ch8\exp8-1 文件夹，基于文件夹中的网页 index.html 创建一个名为 index.dwt 的模板，然后对 index.dwt 模板完成如下的编辑。

（1）将网页模板 index.dwt 中的区域＜div id="content"＞…＜/div＞定义为可编辑区域。

（2）将网页模板 index.dwt 中的区域＜div id="footer"＞…＜/div＞定义为可选区域。

（3）将网页模板 index.dwt 中区域"＜p＞下属二级院、部＜/p＞的下边框线定义成可编辑的属性。

（4）基于网页模板 index.dwt 和素材中的"二级院部.doc"文档，依次创建介绍电子与信息工程学院、机电学院、设计学院、经济管理学院、医药卫生学院和外语学院的网页 dxxy.html、jdxy.html、sjxy.html、jgxy.html、yyxy.html 和 wyxy.html，并修改所在页面的＜title＞标记内容。

（5）修改设计学院所在网页 sjxy.html 的模板属性：使其不显示页脚，区域"＜p＞下属二级院、部＜/p＞"的下边框线的颜色改为"♯06f"，虚线 dashed。

（6）修改和更新模板 index.dwt：修改位于＜div id="sider"＞和＜/div＞之间的 ul 元素中相关 a 标记的 href 属性值，使其指向相关的网页。

（7）更新相关网页，浏览效果。

实施过程如下。

（1）打开素材 ch8\exp8-1 文件夹中的网页 index.html，了解代码结构，浏览网页效果。

（2）创建模板：选择"文件"→"另存为模板"命令，基于网页 index.html 创建一个名为 index.dwt 的模板文件，同时查看站点中 index.dwt 模板文件的存放位置。

（3）模板的编辑：打开当前站点文件夹 Templates 中的模板文件 index.dwt，做如下的模板编辑。

① 将区域＜div id="content"＞…＜/div＞定义为可编辑区域：选中该区域，选择"插入"→"模板对象"→"可编辑区域"命令即可。

② 将区域<div id="footer">…</div>定义为可选区域:选中该区域,选择"插入"→"模板对象"→"可选区域"命令即可。

③ 将区域"<p>下属二级院、部</p>"的下边框线定义成可编辑:选中该区域,选择"修改"→"模板"→"令属性可编辑"命令,在弹出的如图 8-16 所示的"可编辑标签属性"对话框中,单击"添加"按钮。

④ 弹出如图 8-17 所示的 Dreamweaver 对话框,在文本框中键入 style,单击"确定"按钮返回。在如图 8-18 所示的"可编辑标签属性"对话框中,输入各个参数的值。

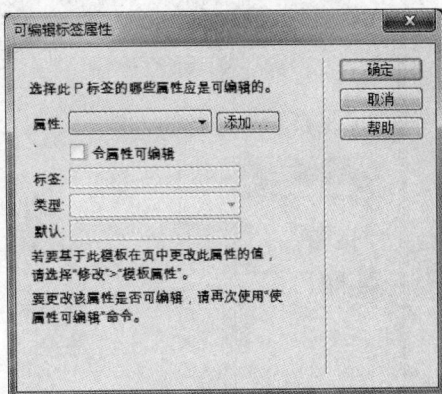

图 8-16 "可编辑标签属性"对话框

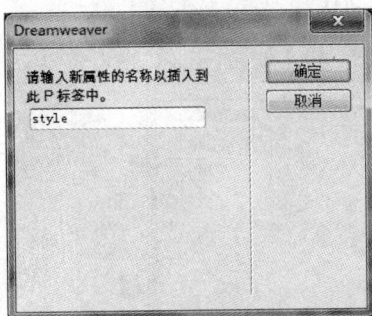

图 8-17 Dreamweaver 对话框

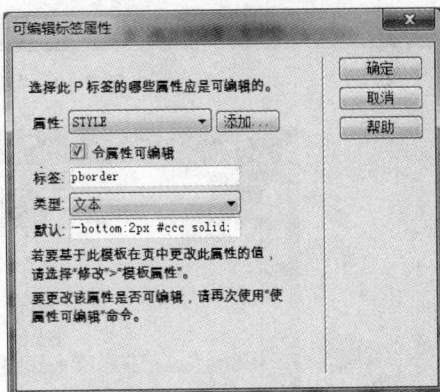

图 8-18 输入各个参数

标签:pborder,自定义的变量。

类型:"文本",属性 style 的属性值是文本。

默认:"border-bottom:2px #ccc solid;"默认值的下边框线声明。

(4) 创建基于网页模板 index.dwt 的页面:选择"文件"→"新建"命令,在如图 8-19 所示的"新建文档"对话框中选择"模板中的页"选项,然后单击"创建"按钮。

(5) 修改设计学院所在网页 sjxy.html 的模板属性:打开网页 sjxy.html,选择"修改"→"模板属性"命令,弹出如图 8-20 所示的"模板属性"对话框。

① 选取参数:OptionalRegionl,取消"显示 OptionalRegionl"复选框的勾选,使其不显示页脚。

② 选取参数:pborder,将其值修改为"border-bottom:2px #06f dashed;",以改变对应的颜色和线型,单击"确定"按钮。

(6) 修改和更新模板 index.dwt:将模板文件 index.dwt 设为当前文档,修改位于<div id="sider">和</div>之间的 ul 元素中相关 a 标记的 href 属性值,使其指向相匹配的网页。如将"<li><a href="#">电子与信息工程学院</a></li>"更新为

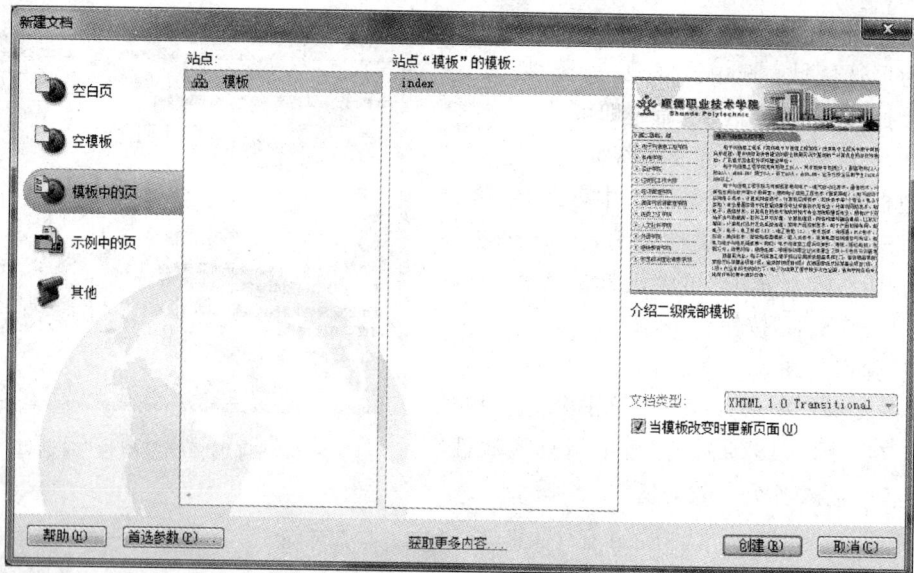

图 8-19　"新建文档"对话框

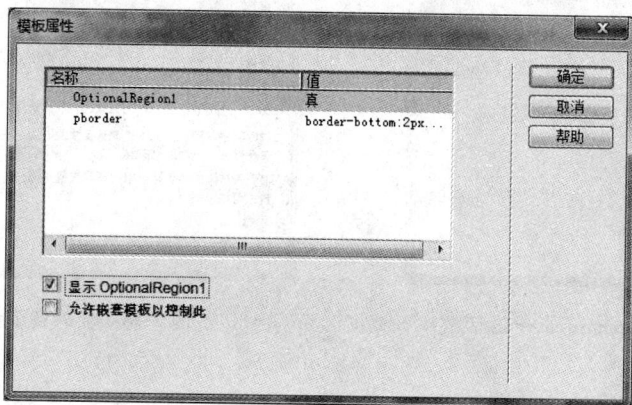

图 8-20　"模板属性"对话框

"<li><a href="dxxy.html">电子与信息工程学院</a></li>",其余类推。保存对模板文件的修改,在弹出的如图 8-21 所示的"更新模板文件"对话框中,单击"更新"按钮。

（7）最后保存模板所影响的相关网页文件,浏览更新效果。

说明:对于初学者而言,要清楚哪些修改是在模板文件中进行的以及这些修改所产生的影响,哪些修改是在网页文件中进行的以及与模板文件之间的关联。

图 8-21　"更新模板文件"对话框

通过图 8-21 所示的"更新模板文件"对话框选择更新或者不更新基于模板的相关网页,依具体情形而定。

8.2 库项目的创建与应用

库项目可以理解为自定义的页面元素,它是由其他元素组成的,通常将网站中反复出现的部分定义为库项目,如导航栏部分、页脚部分或者 Logo 部分,库项目是以扩展名为.lbi(源于库项目的英文 library item)文件的存在的,而且网站中若有库项目,一般有一个名为 library 的文件夹来组织管理这些库项目文件,类似用名为 Templates 的文件夹管理模板文件一样。

库项目尽管是以文件形式出现,但其本身仅仅是元素级的,所以必须将库项目嵌入到页面中才能显现其功能。

库项目可基于现有网页的内容创建,也可以是从头开始创建,视具体情形而定。一旦定义好库项目,这些库项目就可以被插入到网站的其他页面中,多次使用,以提高网站开发的效率。下面以实例的方式来介绍这两种情形。

8.2.1 使用空白文档创建库项目及应用

例 8-2 利用空白文档来创建库项目,基于素材 ch8\exp8-2 文件夹,要求如下。

(1) 创建空白的库项目文档,以文件名 footer. lbi 保存为库项目,保存位置为文件夹"library",库项目的内容是:"＜div id＝"footer"＞＜p＞ABC 工作室版权所有 Copyright © 2014 ABC Studio All Rights Reserved. ＜/p＞＜/div＞"。

(2) 在库文件中链接指定的样式文件 style\footer. css"。

(3) 库项目的应用:将库项目 footer. lbi 插入到素材 dxxy. html 和 jdxy. html 中最后一对＜div class＝"clear"＞＜/div＞之后,即文档中最后一个＜/div＞之前。

(4) 浏览页面。

实施过程如下。

(1) 选择"文件"→"新建"命令,在弹出的如图 8-22 所示的"新建文档"对话框中选择"空白页"界面中的"库项目"选项,然后单击"创建"按钮,创建一个空白网页。

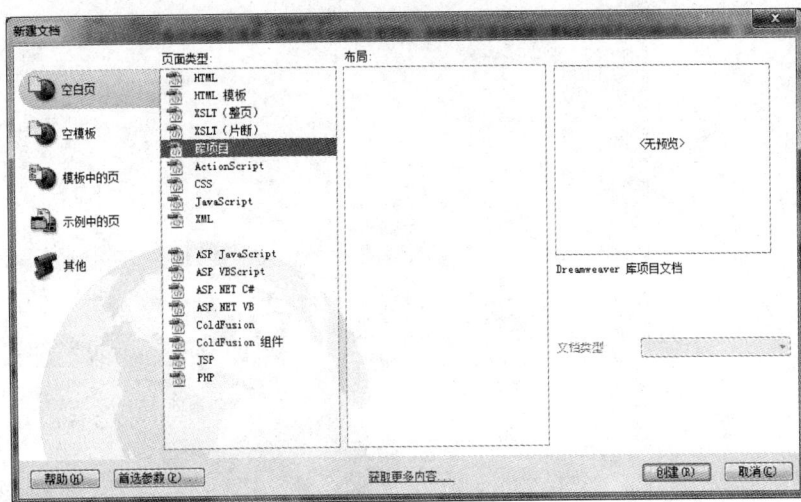

图 8-22 "新建文档-库项目"对话框

（2）在新建的文档中输入指定内容，然后以 footer.lbi 文件名保存到指定的 library 文件夹。

（3）链接外部样式：利用 link 元素将样式文件引入到库文件，如图 8-23 所示。

```
<meta http-equiv="Content-Type" content="text/html; charset=utf-8">
<link href="../style/footer.css" rel="stylesheet" />
<div id="footer">
    <p>ABC 工作室 版权所有   Copyright &copy; 2014   ABC Studio All Rights Reserved.
    </p>
</div>
```

图 8-23　在库文件中引入样式文件

（4）将库项目 footer.lbi 插入 dxxy.html 网页文件的指定位置。

① 将素材中的 dxxy.html 文件置于当前文档，浏览网页在插入库项目之前的效果。

② 将光标定位到文档中最后一个</div>之前，选择"文件"面板中的"资源"选项卡，在弹出的如图 8-24 所示的"资源"面板中，单击面板左侧下方的图标 📖，就会显示当前站点中已创建的所有库项目。

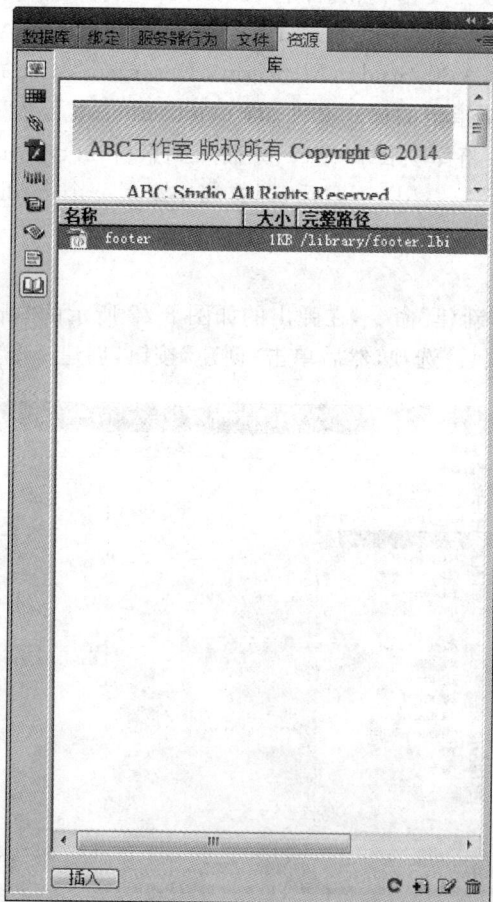

图 8-24　"资源"面板

③ 选中库项目 footer. lbi,然后单击面板中"插入"按钮即可。这样在插入的位置自动产生一段带浅黄色背景的代码,如图 8-25 所示。该代码片段传达库项目开始和结束的位置以及库文件的内容等信息,这些代码是不可编辑的。

```
<!-- #BeginLibraryItem "/library/footer.lbi" -->
<link href="style/footer.css"  rel="stylesheet" />
<div id="footer">
  <p> ABC 工作室 版权所有  Copyright &copy; 2014  ABC Studio All Rights Reserved. </p>
</div>
<!-- #EndLibraryItem -->
```

图 8-25　在网页文件中插入库项目

④ 最后浏览网页在库项目插入之后的效果。

(5) 将库项目 footer. lbi 插入到 jdxy. html 网页文件的指定位置,实施过程同上,不再赘述。

8.2.2　基于现有网页内容创建库项目及应用

例 8-3　利用现有网页内容来创建库项目,基于素材 ch8\exp8-3 文件夹,要求如下。

(1) 基于网页文件 index. html 中的<div id="sider">…</div>内容创建一个名为 sider. lbi 的库项目,保存位置为文件夹 library。

(2) 库项目的应用:将库项目 sider. lbi 插入到素材 dxxy. html 网页文件中<div id="main">之后,浏览页面。

实施过程如下。

(1) 将网页文件 index. html 设置为当前文档,选中网页中指定要转换为库项目的内容<div id="sider">…</div>。注意,在 Dreamweaver 环境实际操作时,建议在"设计"视图中利用标签选项卡来选择比较好,因为若在"代码"视图很多时候即使选中了相关区域,接下来的命令仍处于灰色的不可操作的状态,也许这个小瑕疵在以后的高版本中会解决。

(2) 选择"修改"→"库"→"增加对象到库"命令,将选中的 div 区域转化为库文件,环境将自动切换到"资源"面板,只要输入库项目的名称 sider 即可。如本地站点没有名为 Library 的文件夹,使用这个命令环境会自动生成一个名为 Library 的文件夹,用于管理库项目。

(3) 选择"文件"选项卡,回到"文件"面板,站点中就有如图 8-26 所示的文件夹。同时网页文件 index. html 的相关位置显示浅黄色的背景。

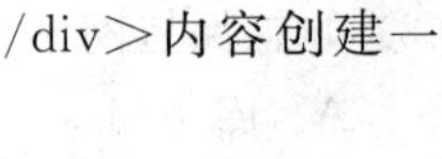

图 8-26　库项目所在文件夹

(4) 将素材中的 dxxy. html 文件置于当前文档,浏览网页在库项目插入之前的效果。

(5) 将光标定位到文档中<div id="main">之后,切换到"资源"面板,单击面板左侧图标菜单中的 图标,选中库项目 sider. lbi,然后单击面板中"插入"按钮即可,浏览效果。

若要删除定义好的库项目,切换到"资源"面板,选中要删除的库项目,然后单击"资源"面板下方的 🗑 按钮即可。

例 8-2 和例 8-3 仅仅介绍了将库项目创建的两种方式和应用的流程,素材和目标非常明确,在实际中哪些内容作为库项目应视具体情形而定,这是需要整体规划和统筹的,学以致用,在实践中提高,是练就熟手的不二途径。

至此模板和库项目的创建与应用介绍完毕,通过这些实例的练习,希望读者能体会到恰到好处地应用模板和库,或其组合可以比较轻松地提高网站的设计效率,实现网页风格的统一;还有助于网站的维护,尤其是对那些规模较大的网站,使用模板和库的技术就更能体会由此带来的便利,所以希望读者在实际的网站开发过程中灵活地使用模板和库技术。

选 择 题

(1) Dreamweaver 中网页模板文件的扩展名是(   )。

    A. .dot   B. .html   C. .dwt   D. .lbi

(2) 如想保持网站中页面布局风格的一致,可使用的技术是(   )。

    A. 库项目   B. 模板

    C. 复制和粘贴   D. 单个页面重复制作

(3) 以下关于模板的说法中,错误的是(   )。

    A. 若不对模板文件进行任何编辑,那么基于该模板的网页是完全一样的

    B. 模板文件的可选项内容在新的页面只能设置为显示或不显示,其具体内容不能修改

    C. 一旦模板文件变更,基于模板的相关页面一定会随之变化

    D. 一个网站中视具体情形一般要设置多个模板

(4) 以下关于库项目的说法中,错误的是(   )。

    A. 库项目相当于一个页面元素   B. 库项目是一个独立的文件

    C. 库项目一般位于 library 文件夹下   D. 库项目可以单独被浏览

(5) Dreamweaver 中库项目的扩展名是(   )。

    A. .lbi   B. template   C. .dwt   D. library

自 主 训 练

练习 8-1:模板的创建与应用。基于素材 ch8\ex8-1 文件夹,完成如下的操作。

(1) 熟悉文件代码结构。

① 阅读网页 index.html,画出网页元素结构图。

② 阅读网页并参考样式文件 index.css,画出网页的布局图。

(2) 创建网页模板:基于网页 index.html 创建一个名为 index.dwt 的模板。

（3）编辑模板：对 index.dwt 模板完成如下的编辑。

① 将网页模板 index.dwt 中的区域＜div id＝"text "＞…＜/div＞定义为可编辑区域。

② 将网页模板 index.dwt 中的区域＜div id＝"footer"＞…＜/div＞定义为可选区域。

③ 将网页模板 index.dwt 中位于区域＜div id＝"menu"＞和＜/div＞之间的＜ul＞…＜/ul＞元素的背景和左边框线定义为可编辑。

（4）创建基于模板 index.dwt 的网页。

① 基于网页模板 index.dwt 和素材中"四季.doc"文档，依次创建介绍春夏秋冬的网页 spring.html、summer.html、fall.html 和 winter.html，并修改所在页面的＜title＞标记的内容。

② 修改秋季所在网页 fall.html 的模板属性：修改＜ul＞…＜/ul＞的左边框线和背景表现。

③ 修改冬季所在网页 winter.html 的模板属性：使其不显示页脚、并修改＜ul＞…＜/ul＞的左边框线和背景表现。

（5）更新模板和相关网页。

① 修改和更新模板 index.dwt：修改位于＜div id＝"menu"＞和＜/div＞之间的 ul 元素中与 a 标记相关的 href 属性值，使其指向相关的网页。

② 更新相关网页，浏览效果。

练习 8-1 配套素材中 index.html 文件源代码如下：

```
<! DOCTYPE html PUBLIC "-//W3C//DTD XHTML 1.0 Transitional//EN" "http://www.
w3.org/TR/xhtml1/DTD/xhtml1-transitional.dtd">
<html xmlns="http://www.w3.org/1999/xhtml">
<head>
<meta http-equiv="Content-Type" content="text/html; charset=gb2312" />
<title>Four-Season</title>
<link href="style/index.css" rel="stylesheet" type="text/css" />
</head>


<body>
<div id="header">
  <div id="logo"><a href=" # "><img src="img/s_logo.gif" alt="返回首页" width=
  "416" height="79" border="0" /></a></div>
</div>
<div id="main">
  <div id="box">
    <div id="menu">
      <ul>
        <li><a href=" # ">春天</a></li>
        <li><a href=" # ">夏天</a></li>
        <li><a href=" # ">秋天</a></li>
        <li><a href=" # ">冬天</a></li>
```

```
            </ul>
         </div>
         <div id="text">
            <h1>春 天</h1>
            <p>春天(Spring),又称为春季,是一年中的第一个季节,北半球为公历 3、4、5 月。而南半
球却是在九月开始,十一月结束。如澳大利亚、巴西、南非等。气候学上以连续 5 日平均气温稳定
超过 10℃为春季的开始。春天气候温暖适中,中国内陆大部分地区少雨。万物生机萌发,天气多
变,乍暖还寒。</p>
            <p> 青春:因春天草木青青而得名。杜甫诗:"白日放歌须纵酒,青春作伴好还乡"。</p>
            <p> 三春:因为春季包含了一、二、三月,而合称"三春"。孟郊诗:"谁言寸草心,报得三春
晖"。</p>
            <p>踏青:又叫春游、探春等。中国的踏青习俗由来已久,传说远在先秦时已形成,也有说
始于魏晋。千百年来,踏青渐成了一种仪式,仿佛只有行了这种仪式,才真正拥有了春天。"逢春不
游乐,但恐是痴人。"白居易的《春游》诗正是这种心境的写照。</p>
         </div>
         <div id="footer">百度:<a href="#">http://www.baidu.com</a></div>
      </div>
   </div>
</body>


</html>
```

练习 8-2 配套素材中 index.css 文件源代码如下:

```
* {
    margin: 0;
    padding: 0;
    border: 0;
    list-style:none;
    font-family: "宋体", sans-serif;
    font-size: 12px;
    color: #000;
    text-decoration: none;
}
body {
background: #ccc;
padding-top: 5px;
}
#header {
background: #9c0 url(../img/s_header_bg.gif);
height: 100px;
width: 620px;
border-width: 1px 1px 0;
border-style: solid;
border-color: #060;
margin: 0 auto;
}
#logo {
float: left;
```

```
margin: 13px 0 0 10px;
}
#ver {
background: #F90;
width: 170px;
margin-top: 84px;
float: right;
}
#ver img {
float: right;
margin-right: 3px;
}
#main {
width: 622px;
margin: 0 auto;
}
#box {
background: #060;
float: left;
width: 620px;
border-width: 0 1px 1px;
border-style: solid;
border-color: #060;
}
#menu {
text-align: left;
width: 148px;
}
#menu ul {
float:left;
margin: 20px 0 0 24px;
border-left: #f90 4px solid;
background: #9C0;
}
#menu li {
text-indent:1em;
line-height:2.5;
border-bottom:1px #000 solid;
width: 96px;
color: #ccc;
}
#text {
background: #fff;
float: right;
width: 472px;
}
#text h1 {
font-weight: bold;
font-size:14px;
```

```
text-align: center;
letter-spacing:1em;
margin: 15px 0 ;
padding-bottom:5px;
border-bottom: 3px double ♯060;
}
♯text p {
line-height: 1.4;
text-indent:2em;
padding:0 15px;
margin-bottom:0.8em;
}
♯footer {
background: ♯f90;
text-align: center;
float: right;
width: 472px;
padding: 5px 0;
}
a:hover {
color: ♯FFF;
}
```

练习 8-3：库项目的创建与应用。基于素材 ch8\ex8-2 文件夹,完成如下的操作。

(1) 基于网页文件 index. html 中的＜div id＝"menu"＞…＜/div＞内容创建一个名为 menu. lbi 的库项目,保存位置为文件夹 library。

(2) 库项目的应用:将库项目 menu. lbi 插入素材 fall. html 网页文件中＜div id＝"box"＞之后,浏览页面。

网站项目的构建与运维

通过前面章节的学习,已掌握制作一个网站所需的技术和技巧。其中包括用网页文件的基本结构、页面元素的添加、用 CSS 设置网页的布局和表现、模板与库等基本技术。从纯技术角度阐述网站制作的技巧是本书的主旨。然而,网站的实现如果放在项目这样的宏观维度考虑,也只能算是其中一个环节而已。这好比建造一栋房子,整个制造过程只需要优秀的工程师和合格工人即可,但是作为一个建筑项目,建造过程只是其中一个步骤。其实项目从地皮的测量、竞投、成本估算等已经开始了,一栋建成的房子只是结果而非过程的全部。甚至当房子建造完毕也不是终结,还包括后期的维护、修缮等。网站和网站项目也是这种关系,网站只是一个阶段性的结果而非网站项目的全部。一个成功的网站项目往往需要优秀的技术团队负责网站的实现,然而单单有这样的技术团队也不能确保整个网站项目的成功。本章将跳出纯技术的领域看网站,把视野扩展到项目的宏观维度或者从方法论的层面来探究成功的网站项目是如何构建和运作的。

9.1 网站项目的需求分析

人的行为总是基于需求的,只有被需要的东西才会有价值。但在实际中作为行为的起点,需求往往容易让人忽略。这一点和空气的待遇很相似:人类明明是缺几分钟空气就会窒息死亡,但空气却在 18 世纪才开始被深入了解。祖先们的经验是有意义的,至少现在做软件项目(包括网站项目)时,往往将看似简单的东西放在相当重要的位置。需求分析就是其中之一。

"人的行为总是基于需求",网站项目同样如此。哪怕是最简单的课堂练习项目,也是基于某种需求的(老师的压力等);正规的商业网站更是如此,这类网站的需求更加直接,那就是创造经济效益。这些道理是不证自明的,那么为什么要进行需求分析呢? 正如上面空气的例子,虽然人们知道需求驱动的道理,但需求本身却是经常被歪曲导致看不清楚的。人们真的会对自己网站需要什么不清楚吗? 是的,这是常有的事情。而且这种情况不单单存在网站项目上,也包括人生的每个阶段。正因为大多数人看需求总是雾里看花,所以才有所谓的需求分析。

需求分析是一项看起来简单实际上又相当艰难的工作。需求分析分两种情况。第一种是需求方(出资方,或者叫甲方)和劳务方(开发方,或者叫乙方)是同一主体的,也就是俗称的自主开发。第二种是甲方委托乙方开发,也就是甲方和乙方是不同主体。这两种情况都要进行需求分析。表面上看第一种情况的需求分析会更加简单,第二种因为涉及不同利益的公司之间的沟通,会显得更加困难。事实上,这两种情况的难度是相等的,甲方乙方重合的情况有时候会更加复杂,因为自主开发往往没有严格的需求协议,经常轻率地变动需求,因此更容易出问题。

对于软件项目,需求分析有着固定的套路,并应有相应的需求分析文档。对于网站(前端)的需求分析不必完全按照软件工程的套路。网站除了功能的需求还有审美的需求,这是网站项目比较特殊的地方。甲方往往只知道未来网站的一个大概的设想,但是不担保他的设想一定能有一个好的效果。因为对于大多数人,尤其是对计算机不熟悉的人,可能会分辨出一个网站的美丑好坏,然而让他们自己去设计一个方案往往是极其糟糕的。所以做需求分析的时候,不能引导甲方去设计方案,需要的是要理解甲方的意愿,让他放心地让乙方为他设计方案。下面是需求分析的一些关键点。

9.1.1　确定受众

做网站的需求分析,首先要确定的一件事情是该网站的主要用户是哪个群体。不能笼统地说本网站是老少咸宜,用户多多益善,因为这样毫无意义。要确定的是最能为网站创造商业价值的用户群,这才是核心用户群,只有先抓住这个群体才能维持网站的生存和发展。拓展用户群是有必要的,但这只能在巩固了核心用户群后才能进行。而从网站开发的角度,没有明确受众的网站是最难设计的。因此确定核心用户群不但能回归到网站最本质的需求,还能有效地降低网站实现和运营的难度。

1. 网站主营业务和受众的关系

通常受众是和网站的主营业务直接相关的。一个卖童装的网站和一个求职网站的核心用户群应该是没有多少重合度的。但很多时候,网站的受众并不是那么好确定的。例如,要做一个综合类的门户网站。这个网站包括的内容有时政、经济、金融、娱乐、体育、教育,甚至数码产品等频道。那么能立刻确定受众吗?鉴于内容的广度,最终还是得到一个毫无用处的分析结果:本网站老少咸宜。如果没有区分度,那么受众分析等于从来没做过。通常希望网站的访问用户群越大越好,然而在网站项目构思的阶段,进行受众分析的时候要遵守越小越好的原则。以综合门户网站为例,虽然网站业务几乎覆盖全年龄段,但是可以通过抓住当中的核心业务,从而确定核心受众。一般综合性门户网站,如新浪、网易、腾讯、凤凰网等,都是以新闻为主的,新闻是这一类网站共有的核心业务。那么关心新闻的一般是哪些用户呢?大多数是成年人,有固定工作,有固定收入,年龄大概在25～45岁。这个群体的人比较关心时政经济等新闻,而门户网站的核心业务正好能满足他们的需求。那么综合网站那些非核心业务,如数码、教育等,起到什么作用呢?这些非核心业务也是在某种程度上满足受众的次要需求。如教育频道,核心受众可能已经有子女,那么他可能在看新闻的同时去关心教育频道的信息,如择校信息、考试报名等。核心受众因为网站的核心业务而访问网站,但非核心业务同时也在增加网站本身的黏性。

如上所述,受众分析似乎也不是太难,只要抓准核心业务,那么核心受众就自然确定了。可是"魔鬼"总隐藏在细节当中。而这些细节是做网站需求分析时不能忽略的。回到上面提到的 4 个综合门户网站：新浪(http://www.sina.com.cn)、网易(http://www.163.com)、腾讯网(http://www.qq.com)、凤凰网(http://www.ifeng.com)。这 4 个网站的核心业务应该都是差不多的,但细心分析各自的首页,它们却又有很大的不同。新浪、网易和凤凰网内容安排比较密集,总是希望在一个屏幕提供尽可能多的信息,适合高速浏览的人群。而腾讯网首页内容比较稀疏,一般适合阅读速度不快的人群。读者不妨去书店或者图书馆调研一下,一般成年人的书籍文字密度都会大一点,而年龄段越低文字的密度就越小。典型的是幼儿读物,除了配图外一页中可能就只有几行放得很大的文字。从这个规律反推,腾讯网目标受众和其他三大新闻网站的目标受众年龄段可能不一样。从颜色的角度分析结论会更加明显。腾讯网用比较欢快的浅蓝色为主色调,整个首页是比较年轻活力的风格。而其他三大新闻网站都是用比较简洁稳重的设计风格,如图 9-1 所示。其中凤凰网还用了比较沉的颜色作为主色调,如图 9-2 所示。可见腾讯网的目标受众是年龄偏小的群体,而其他三大门户网站则倾向更为成熟的群体。就算把腾讯网排除在外,新浪、网易和凤凰网的受众也未必完全一致。从内容安排上看,凤凰网首页更多的是放视频链接,这可能是因为它本身掌握凤凰卫视的资源,在新闻视频方面有得天独厚的优势。而凤凰网本身也希望实现网站用户是凤凰卫视观众的双向转换,新浪和网易则更注重文字新闻报道,是典型的网络媒体。

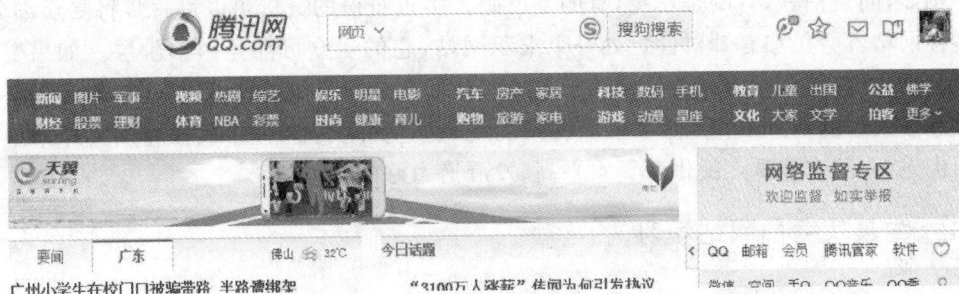

图 9-1 腾讯网首页截图

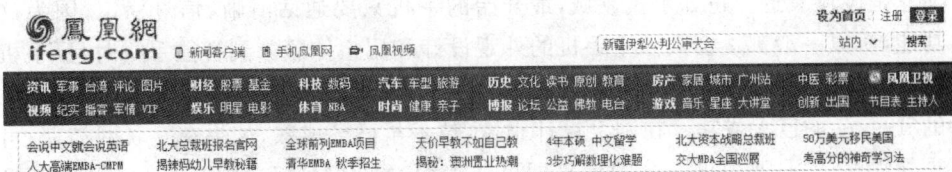

图 9-2 凤凰网首页截图

从上述四大门户网站分析可知,虽然它们主营业务相同,但业务细节和所拥有的资源决定它们的受众不完全重合。腾讯网依托的是 QQ 和微信两大通信软件,用户群年龄一般是 15～25 岁的青少年,因此网站受众定位是这个年龄段。而其他三大门户网站定位于有较强独立思考能力,有独立收入,而且平时时间不多的群体,典型的是 25～45 岁这个年龄段。这里并不是说这些门户网站放弃其他年龄段的受众,相反对一个网站来说用户当然是多多益善的。但是像这种著名的网站,构建前肯定做好了受众分析,而网站的结构、风格、内容安排都是优先配合核心受众的。当中它们又是把自有的业务资源结合起来,将核心受众的范围进一步裁减。在网站的受众分析中,要遵循"越小越好"的原则。

2. 多维度受众分析

理清楚主营业务后,受众群体的大致轮廓就呼之欲出了。然而如果仅满足于此,那大量有价值的信息就会给掩埋掉。假设要做一个童装网站,该网站的主营业务很简单,就是销售童装,那么,受众自然就是儿童。按照套路可选一些可爱的颜色,设计一些卡通化的装饰图片,把网站装扮成一个儿童乐园。这个思路大体上是对的,但因为没有从其他角度分析受众,因此可能产生一些致命的问题。可以肯定网站的受众是儿童,网站可以极力讨好他们,但从另一个角度分析,真正下订单的不可能是儿童自己,而是他们的父母,而为人父母者不可能像儿童那样容易讨好。在这个案例中,网站受众是复杂的,所以要从多个角度分析才能制定最优的策略。首先网站要吸引儿童,这是首要条件,因为如果儿童不喜欢,那么家长根本不会为之付款。但仅此还不够,还必须从家长的角度考虑。例如,家长会关心童装的面料是否适合孩子、价格是否合理,甚至支付的过程是否可靠等,因此铺天盖地的卡通化风格会在某种程度上削弱家长们的购买决心。除了需要从孩子的角度分析,也要从家长的角度分析,然后精心设计出一个完美的方案。

除了多角度分析受众的构成外,也要多角度分析受众的身份,一个人的身份总是多重的。例如,同是白领,有的是单身,有的是已婚。多重身份的分析可以进一步将受众细分,而这样网站就会更加有针对性。如一个求职网站,它的受众可能是白领阶层。如果受众多为已婚人士,那么制作网站就应该把本地职位信息放在显眼的位置,因为已婚人士一般不愿意去太远的地方工作;如果求职网站的受众多为单身人士,那么就应该去掉本地职位的优先级,而应该重点提供薪资水平高、发展潜力好的职位。

9.1.2　向最优秀的网站学习

一个优秀的网站是技术和艺术的完美结合,是功能与意义的高度交融。在功能主义时代,功能永远是第一位的,功能有无是竞争的主要焦点。然而,任何技术发展成熟后,功能主义总是慢慢衰退。正如手机领域,最开始的手机只要通话清晰、信号稳定,因为这是主要功能,所以一般都不会太注重手机的外观设计和用户体验。到智能手机时代,手机主要功能已经基本稳定,用户开始关心功能以外的东西,更加关注个性和审美情趣,这才有苹果的 iPhone 的巨大成功。在网页设计领域,技术早已经成熟,如果在互联网初期,可以不注重外观设计,只要提供充分的信息即可。然而,XHTML 和 CSS 都已经是网页设计人员的入门必备了,那么在同样的功能下,用户体验就是决定竞争天平倾向的砝码。

不过这随之导致了一个严重的问题,那就是网页设计到现在几乎成了一个需要复合人才的领域。一个优秀的网站,除了技术过关的程序员,还必须有富有创意的美工。在一些专业的公司,网页的设计和实现是两个明确分工的岗位。专业的美工和前端工程师紧密合作,才能做出优秀的网站。然而,很多时候并非这样,尤其现在 JavaScript 的引入,网页上可以添加很多动态的效果,而美工往往能够给出一个静态的设计图,但对于能够做哪些动态内容他们是力不从心的;相反,前端工程师能够掌握 XHTML、CSS 和 JavaScript

等网页技术,然而职业的逻辑思考方式让他们缺乏美学的考量。技术和艺术的矛盾随着网站越来越复杂日益突出。

作为网站开发人员,不能认为设计仅仅是美工的事情。虽然开发者在美学上可能比不上专业美工,但也不应该花无数时间学习网页技术,做出的网站却毫无美感。相反,应该积极地向优秀的网站学习,未来前端工程师可能要更多地承担网页设计的工作。作为前端工程师,没有受过专业的美学训练,怎样才能设计出优秀的网站呢? 向现成的优秀网站学习是最快捷的途径。

学习网页设计有一个好处,即网页都是开源的,可以很方便地查看网页的源代码。那么应该向优秀网站学习什么呢?

1. 布局

布局是指一个网页内容安排的方式。简洁优雅的布局不但能在视觉上讨好用户,而且能够简化网页实现的工作。目前网页布局采用 DIV+CSS 技术。这种布局方式不但优雅,而且可以在不同网页甚至网站间重复使用。它有着强大的表达能力,也方便日后网站的维护。

2. 色彩

色彩选择和判断是专业美工相对一般人的最大优势,这也是最值得向优秀网站学习的地方。没有经过专业美学训练的人只会主观判断现成设计的色彩好坏,但要自己设计一个配色方案往往是非常糟糕的。这时候,最快的方法是参考同类的网站,把别人的配色方案学过来。一般人会觉得色彩越丰富越好。事实上,很多优秀网站的色彩都是不太复杂的。一般是选定一两种主色调,然后通过深浅、明暗和纹理等做出不同的变化。当然也可以参考优秀网站的配色方案,并从中修改别人的方案。如果对颜色搭配不熟悉,可以参考 http://www.benjaminmoore.com/en-us/paint-color/cornsilk,这个网站会列出某种颜色的最佳搭配颜色。

3. 结构

这里说的结构不是指网页的布局结构,而是整个网站的结构。一般综合类网站分三级结构:首页、分栏目页和文章页。但不同主题网站的结构没有必要用一个套路。例如,一些网站选择做个封面网页,有些内容比较少的网站可能不需要设置分栏目页。优秀的网站总能安排一个合理的结构,让用户快速地找到自己想要的资讯。

4. 优化

网站优化是一个比较专业的话题。首先是浏览器兼容性优化,一般优秀的网站能够在不同浏览器有一致的表现。而初学者做的网站往往在某些浏览器会严重走样,如 IE 6。其次,优秀网站的代码是有利于搜索引擎搜索的,它们尽可能避免使用不利于搜索引擎索引用的代码结构。这对网站发布后在搜索引擎排名会有很大的影响。

在选择学习对象时,本书推荐的网站(http://www.freewebsitetemplates.com)上有各种风格的网站模板,而且全部是 DIV+CSS 布局,很有参考价值。

9.1.3 收集信息

未来总是由过去和现在决定的。如果网站项目的未来预期是建设一个优秀网站,那么就必须尽可能收集过去和现在的信息。这些信息包括受众的信息、当前业务的信息、现有资源的信息以及大环境的信息等。只有在信息充分的情况下,才能够判断未来的趋势,从而作出正确的决策,所以网站的建设并不像艺术家们靠自己的灵感工作,而是基于信息的。

信息的来源并不单一。可以通过问卷调查,可以访问相关人士,可以对同类网站做一个调研报告等。当然少不了的是用 Google 和百度提供的站长分析工具,查看相关网站的运行情况,从而让自己的网站有一个更好的发展规划。如果网站项目是对旧网站的改版,那么可以在旧网站中嵌入搜索引擎的统计代码。通过搜索引擎返回的统计数据,能够发现旧网站的优点和缺点,从而对新版网站可以有针对性地进行开发。

9.2 网站项目的设计与实现

网站的需求分析是为了让开发者弄清楚要建设的网站到底是怎么样的,那么设计与实现就是开始将想法变成现实的步骤。

9.2.1 确定网站结构

网站的结构也叫信息架构,指的是网站信息的组织形式。网站结构就如同人的五官,五官端正的人至少不会太难看。一个网站信息的组织形式直接决定了网站用户的使用体验,良好的网站结构是一个网站的坚实基础。

1. 按照层级组织网站

分层组织复杂事物几乎是人类最基本的几种思维方法。通常一个网站蕴涵巨大的信息量,少数几个网页无法完全呈现,有时候甚至需要几十到几百个网页。这好比一本巨著,如果所有内容都是杂乱地堆放在一起,那么读者可能就会无所适从。所以书籍一般会提供目录,有需要的话,目录可以一层层地细分,以求读者能够快速找到想要的内容。如果将网站比作一本书。那么书本的前言或者摘要就是网站首页。在首页一般提供网站的概要信息。如果网站的内容特别多,那么首页内容就要经过挑选,把最重要的内容概要放在首页。书本的章节目录就相当于网站的二级网页。它主要提供某一类信息的概要,相当于书本一章的概要。而书本的章节内容就相当于网站的三级网页。这一层的网页提供最详细的信息。一般网站都可按照这三级安排内容。当然,这不是僵化的套路。在做具体网站的时候,可以根据内容具体调整层级数量。

分层的思想是人类的基本思维之一,是相当简单的。但是具体每一层的内容安排却很容易犯错,过多的分类和过深的层级都是最容易出现的错误,如图 9-3 所示就是分类过多的情况,过多的分栏目会让用户冷落后面的分栏目,让受众在视觉上产生较大的压力。

如图 9-4 所示是分类层次太深的情形,图 9-4 的顶层相当简洁,但是用户很容易在复杂的层级分类中"迷路"。作为用户,当然想尽快获取信息。如果用户必须打开一层又一层的链接才能找到真正的内容,那么对其用户体验就会产生负面影响,从而有可能导致用户的离开。

图 9-3 过多的分栏目

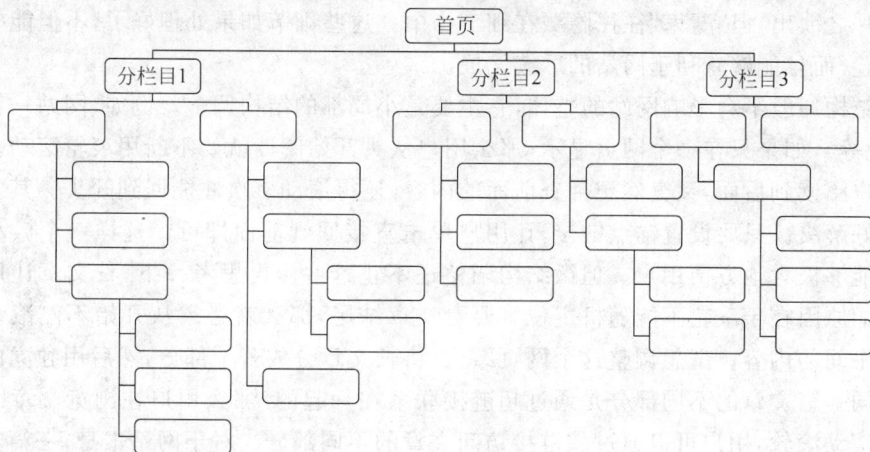

图 9-4 层级太深

一般建议第二级分类不要超过 6 个,层级不要超过 4 层。如果是分类栏目过多,可以考虑合并某些分类。例如,"数码产品"栏目和"电脑"栏目可以合并为"消费电子产品"栏目;如果层级过深,那么可以考虑将某些子类取消,不要继续细分。对某些网站可能是不得不超过一般标准的,那么可以采取一些特殊措施尽量降低负面效应。例如,可以弱化分类,强化搜索功能;也可以根据用户访问习惯,优先列出用户访问过的栏目入口。总之,网站的结构关系到用户在网站的体验,是设计网站时必须优先考虑的因素。

2. 内容组织

用户永远是为了网站的内容而访问网站的,一个网站做得再好,如果内容空洞无物,那么用户最终还是会慢慢流失的。在刚开始建立网站的时候,建议制作一份内容清单,这样就能知道自己已有哪些内容,未来需要哪些内容。内容清单整理好后,要将清单和网站的结构对照,看内容是否能够按照网站的结构来组织。可以按照下面步骤整理内容清单。

(1) 按内容类型分类。一般可从内容的载体分类,如文字、图片、音频和视频等,每一类内容都有不同的处理方式;有时候不同类型的内容需要混合排版出现,这些都要在内容清单上明确。

(2) 按主要类目分类。这里指的是按照网站第一级分类栏目划分内容。主要栏目分类不宜超过 6 个,否则很难在网页上安排,而且用户也容易遗漏栏目。

(3) 按次级类目分类。除了按大类划分,按照网站的次级目录划分相应的内容也是必需的,次级内容不适宜有太多层级。

(4) 分析和改进层级结构。内容组织有时候不能适应网站本身栏目结构。这时候就需要对内容进行取舍,或者对网站栏目结构进行调整。没有明确的守则规定要如何调整,这完全取决于网站需求分析,看哪一个方案更有利于达到最终的目标。理想的网站是在水平和垂直两个方向的类目达到均衡,这样不但有良好的用户体验,并且也降低了开发的难度。

3. 微结构调整

所谓的微结构是相对于网站的大框架而言的。当网站的大框架定下来后,网站的雏形已经呼之欲出,但"魔鬼"往往隐藏在细节当中。这些细节如果处理好了,不但能提升用户的体验,而且能够有利于网站的后续发展。

微结构一般不会影响网站的整体,它主要是小局部的结构调整。例如,网站一篇长文章(小说等),如果只在一个网页显示,那么用户从头开始阅读就要不断用滚轮滚动。而且一旦用户阅读到后面,又突然想翻查前面的内容,还得滚动多次才能回到开头。其实这个问题很好解决。只要设置锚点链接,让用户单击直接回到前面即可。这样一个微小的结构调整能够极大地方便用户。但微结构调整还不止这些。再思考一下,长文章让用户觉得麻烦的原因在于滚轮不能随机定位。要看文章结尾,那么就必须从开始不停滚动经过开头和中间的内容。试想调整这个网页结构,将长文章分成若干部分,然后用独立的网页显示。同一篇文章的不同部分是通过超链接联系在一起的,那么用户在浏览文章时就不用频繁滚动滚轮,用户可以通过超链接访问文章的不同部分。对于网站本身,一篇文章可以增加不少的点击量,对搜索引擎的排名也是相当有帮助的。

相同的原理也可以套用在网站相册等微小的结构里。如果选择在一个网页一次加载太多图片,不但消耗大量的资源,用户也要花很多时间等待图片的加载。总之,设计网页的时候要考虑到方方面面的细节结构,千万不要让细节毁掉一个出色的设计。

9.2.2　完善网站的内容

网站内容是一个网站的立足之本。当规划网站内容的时候,要做相关的文案工作。这里要纠正一个误区,那就是用静态的观点看待网站内容。虽然建立网站前,内容收集得越多越好,但也不能毕其功于一役。如果一个网站的内容长期不更新,是不可能留住用户的。所以要用动态的眼光规划和完善内容。网站的文案工作要注意以下几方面。

1. 内容设计

网站内容某种程度不是越多越好,因为这个世界很多信息都是互相冲突的。如果网站同时提供互相矛盾的信息,那么可能会对用户造成困惑。这和很多报纸和杂志一样,它们都有固定的用户群,很多时候用户是带着自有的观点去选择的。"道不同,不相为谋",一个群体的形成往往是基于一些共同的理念。那么网站的用户群也是。为什么这些用户聚集在这个网站,而不是其他网站呢?网站的风格是次要的,重要的是网站本身内容的偏好。正如"爱范儿"网站是苹果粉丝的集中地,而"机锋网"是安卓粉丝的论坛,wpxap 则是微软粉丝的聚会点。这三个网站虽然都是号称包罗各种数码产品信息,但是实际上用户群体的倾向决定了其内容选择的倾向。

因此,在规划网站内容时一定要引入内容设计的概念。网站内容如果只是简单的堆积,提供所有的信息,就是无设计的状态。这样不但不能吸引所有的用户,相反可能得罪所有的用户,最终会被定性为"不专业"。要避免这种情况,一定要根据核心受众来决定内容选取的倾向。关于受众分析前面的章节已经叙述。当然,这里说以核心受众的价值观为纲,并不是说无节制地讨好受众,而是通过内容的筛选设计,让核心受众能够快速找到他们想看的内容。

在内容设计方面,除了提供核心受众想要的内容外,还要对不同内容的重要性进行评估。能引起用户强烈兴趣的内容就置于"聚光灯"下,尽可能减少用户寻找和甄别信息的工作。

2. 写作技巧

本书不是关于写作的教材,所以无意在这个问题说太多。假设本书读者已经能够具备基本的写作能力,能够熟练清晰地表达自己的观点或者组织相关的内容。但在网站文案写作时也有一些要特别注意的地方,包括以下几方面。

(1) 创建准确、强有力的标题。

(2) 写简短的句子。

(3) 避免使用长段落。

(4) 传达一致的信息和语气。

(5) 适度使用讨好受众的言辞。

3. 关键词

网站的关键词非常重要。现在用户在互联网茫茫的网站中怎样才能找到自己的网站呢?大部分都是通过搜索引擎搜索关键词,然后被引导到相关网站的。如果说网站的关键词决定了网站的初始排位,那么内容的关键词就决定网站能否在众多搜索结果中突围而出了。在内容写作上,应该倾向使用容易被用户搜索的词语。因为搜索引擎的"爬虫"程序会索引网站的所有内容,如果文章中就有很多用户搜索的关键词,那么文章本身就容易命中。而网站文章访问的人数多了,能够提升网站在搜索引擎的排名,从而更容易获得新用户。这是一个良性循环。

当然任何事情都是过犹不及,对于关键词出现的频率是有考究的。关于这个问题在搜索引擎优化的相关书籍有详细介绍。这里只要对用词稍加注意,使用相关的热门搜索词即可,不要滥用,更不要无意义地堆砌。

4. 寻找内容

网站的生命在于不断更新的内容,如果停止更新,网站很快就会消亡。为了保持内容可以定期更新,必须寻找稳定的信息源。根据网站的主题不同,信息源也不同,但一个网站可以有不同的信息源。信息源可以分为下面几类。

(1) 自身创造信息。这是最常见的一种网站内容获取模式。网站通过自身采集、加工和出版原创内容,如新浪就是走的这条路。为了创造原创内容,网站需要有专门的人员负责内容创造,如记者、编辑等。这样的内容往往原创性较强,能够长期吸引用户。但缺点是成本相对高昂,而且很难大量产生高质量的原创内容。

(2) 收集其他网站信息。这种类型的信息源相当于信息的聚合器,能把优秀的内容搬到自己的网站,而且无须花费太高的成本。但这样的信息源没有原创性,很难长期留住用户。而且内容聚合器无法形成竞争门槛,有时候还涉及版权问题。

（3）自媒体。这是 SNS 兴起后的内容产生方式。网站本身不产生内容。网站只是提供一个社交平台，让用户自己产生内容。这种方式既有原创性又可以低成本创造内容。但这种方式产生的内容一般具有草根特性，欠缺专业性和权威性。

上述三种信息源可以混合使用，它们之间并没有直接冲突。但作为一个构建中的网站，必须分好主次，网站营运时才能有所倚重。

9.2.3　确定设计方案

当内容与网站结构都调整完毕，就可以开始设计具体的网站了。这通常是美工的工作，但随着网页前端越来越复杂，程序员要更多地参与到相关的工作中，这个阶段的工作目标是得出网站各级网页的草图。

网站的草图定稿前必须经过反复的讨论。有时候做一个方案是不够的，可能需要做多个方案然后对比讨论。网站的草图一般用 Photoshop 或者是 Fireworks 等图像处理软件制作；对于某些比较简单的网页甚至可以将草图直接切片成网页。对大多数网页不推荐直接切片做。因为一般图片文件体积比较大，切片出来的网页往往优化程度很低，而且适应性很差。比较通用的做法是根据草图的效果，用 XHTML 和 CSS 准确还原。其中草图很多图层都能作为网页的素材使用。

草图或者效果图已经是网站设计的最后一步。虽然经过前面若干步骤的调研分析，但最终的效果图还需甲方（出资方）亲自确认，作为开发方应该向甲方解析草图的各个细节，确保甲方理解并同意这个设计方案。如果甲方对方案提出异议，那么开发方可以用自己掌握的资料跟甲方沟通。如果甲方坚持己见，那么应当修改设计方案以满足甲方的意愿。这里涉及双方的交流沟通，但要坚持的原则是不能将方案的设计权交给甲方，否则最后可能造成非常糟糕的结果。当双方对设计方案达成一致时，最好签一份协议同意以后的工作就是围绕该方案进行。开发方负责实施该方案，而没有特殊情况出资方不得提出变动方案的要求（如果肯付额外费用则可以考虑）。明确双方的权利和义务是以后工作顺利进行的最重要保证。

9.2.4　网站的实现

如何制作一个网站是本书的主要内容。网站实现是前端工程师的工作。收到确认过的设计方案后，要百分百地实现设计方案的效果。关于网站实现的技术，本书前面的章节已经做了详细叙述，这里只列出一些实现过程要注意的问题。

1．优化代码结构

对于正规的网站项目，一般极少使用可视化的开发工具。在书写代码时注意维护好代码的结构。例如，XHTML 嵌套标记要做好缩进，这样不但使代码更加整洁，也让代码更好维护。在开发网页时，免不了使用 XHTML、CSS 和 JavaScript。这三者互相配合构成网页最终的效果。然而这三种代码差异较大却又不得不混合搭配使用，那么书写代码时应该尽可能减少它们互相混杂的情况。例如，要用 CSS 的时候，尽量少用内联的方式，因为这样会让 XHTML 本身看起来很复杂；还有 JavaScript 代码理论上也能用 Script 标记放在 XHTML 文档的任意地方，但还是建议统一放在头部或者独立的文件中，这也是避免代码混乱的技巧。

总之，希望代码能够整洁、有条理，每个模块都能独立成段。这样不但有利于自己书写和维护代码,也有利于团队间的分工合作。

2. 注意命名规范

在软件开发领域,代码中的命名规范往往是区分菜鸟和老手的第一条标准。当然,实际上代码中的变量或者 id 命名只是一种约定,并不是硬性规定。初学者往往喜欢用一些不规范的命名,这归根结底是因为新手没有做过更复杂的项目。当一个项目上了规模后,如果命名混乱,会极大地增加阅读的难度,从而增加项目开发的成本。在网站项目,要自己命名的地方也不少,如 id、CSS 规则的名字、JavaScript 的变量等。可以借用软件开发的变量命名方式,也可以套用公司内部的命名规范,并且大多数时候后者优先。

3. 做好代码注释

对于复杂的网站项目,再有经验的开发者也很难马上找到代码的主脉络。现在开发都是团队开发,因此要养成团队合作的习惯。自己写的代码很多时候不仅仅是自己看,还要给团队其他成员看。为了使别人尽快看懂自己的代码,良好的注释习惯是必须的。而且恰当的注释有时可以提醒自己,让开发思路保持连贯。

4. 注意 CSS 规则的设计

很多开发者可以纯熟地运用 CSS 实现各种效果。然而,实现指定效果只是最基本的要求。一个好的前端工程师用 CSS 的时候还会考究 CSS 规则的设计。对于一般人,CSS 规则常常是想到一个就做一个,到最后冗余的规则会让自己陷入困境。更要命的是这会对以后网站的修改造成极大的困难。好的设计师会思考一条规则的使用范围、被复用的可能性,然后利用规则继承合并等特性,让所有规则优雅而高效地运作。

5. 提高代码的复用率

网站项目相对软件项目有较强的容错性,而且在高速网络普及的今天,网页加载速度也相差无几。但有经验的工程师总是能够写更少的代码,做更多的事情。无论是 CSS 规则还是 JavaScript 代码,都要想一下现在所做的能否在以后的网页派上用场。带着这样一种理念,那么很多的工作就能够重复使用,让网站更加高效,也降低了开发成本。

6. 留下详细的开发文档

对于软件项目,开发文档是十分重要的。开发文档说明了整个项目的所有细节,程序员除了写代码,最重要的一项工作就是写开发文档。网站项目虽然不像软件系统有那么复杂的逻辑结构,但对于开发文档的要求是一致的。试想一个网页多达数十个 CSS 规则,没有相关的文档说明就很难弄清所有细节了,而接手下一步工作的人也无从下手。

9.2.5 网站的测试和发布

经过艰苦的开发阶段网站已经基本准备就绪,但作为开发方的工作还远没有结束。正如其他产品,在上市前一般还要经过品质检测的工序,以确保上市的产品没有问题。网站开发也是如此,在上线运行前必须做好相关的测试。否则,上线后出现问题将会极大地影响用户对网站的评价。

1. 性能测试

（1）速度测试。网站速度和用户体验有着密切的关系。从网站开发的角度可以采用一些技巧提升用户访问网站的速度。例如，对图片和视频进行压缩，在失真不是太严重的情况下能够有效地提升用户访问的速度。

（2）负载测试。这种测试主要是看网站能够承受多少用户的访问，如果负载能力过小，可以考虑增加服务器的投入。

（3）压力测试。压力测试是测试系统的限制和故障恢复能力，也就是测试网站会不会崩溃，或者在何种条件下容易崩溃。

2. 安全性测试

它需要对网站的安全性（服务器安全、脚本安全）、可能有的漏洞进行测试，包括攻击性测试、错误性测试。对服务器应用程序、数据、服务器、网络、防火墙等进行测试。

3. 基本测试

基本测试包括色彩的搭配、连接的正确性、导航的方便和正确、CSS 应用的统一性等。

4. 网站优化测试

好的网站是看它是否经过搜索引擎优化，网站的架构、网页的栏目与静态情况等。

9.3 网站项目的运维

9.3.1 确定网站的盈利模式

任何商业网站最终的目标都是实现盈利。互联网从 Web 1.0 时代到现在 Web 2.0 时代，涌现过无数好的创意。基于这些创意出现过无数有创意的网站，但无论什么网站，盈利模式这个古老的话题是始终绕不过的。有人说互联网经济就是注意力经济，也就是说当网站吸引了注意力就能够转换成经济利益。这句话暗示了网站主要的盈利模式是广告。确实，广告是大多数网站的盈利模式。从图 9-5 中可以看出著名互联网公司的主要营收对比。

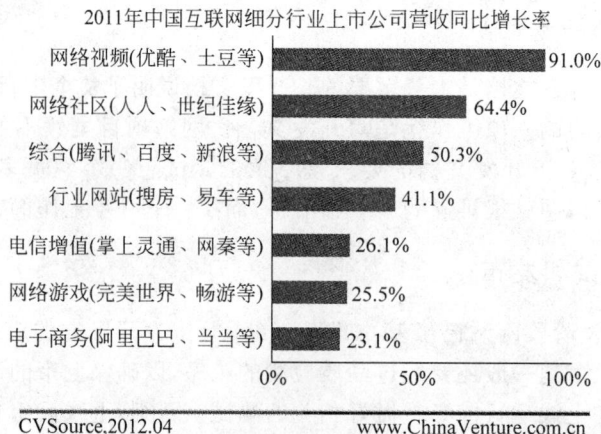

图 9-5　互联网公司的营收情况

而广告为主的方式注定了大多数网站采用的是免费服务的形式。甚至有人称免费是互联网的其中一大特征。互联网免费服务和收费服务对比如图 9-6 所示。

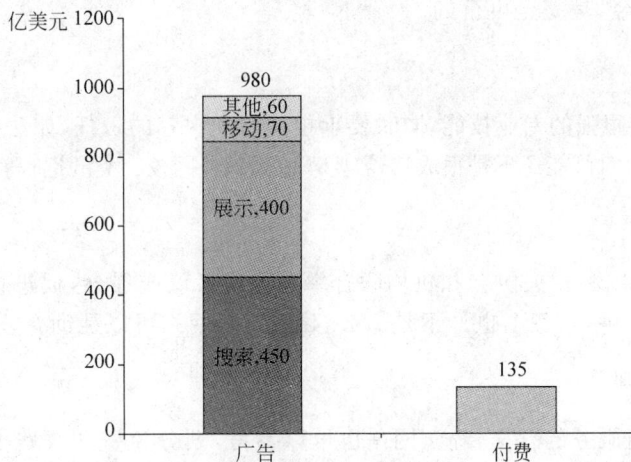

图 9-6 互联网广告和付费对比

上述只是说明了广告收入是主要盈利模式的事实。互联网本身的盈利模式还是相当丰富的。常见的网站收入如下。

1. 广告费

比较狭义的是指文字、图片、视频等广告信息,放置在网站的特定位置给予展示,并通常有链接到相关产品的详情页面。这种方式基本上是通用的,适用于绝大多数网站,价格受到网站的流量、用户群的精准度等方面的影响。

2. 会员费

此类收费也同样有对应的需求资源,例如,一个下载网站,如果采用会员制的方式,那么必须有足够的吸引人的下载资源,常见的有特殊电影下载站、百度文库一类的文档下载。而诸如 B2B 的网站,也要严格区分会员与非会员,申请特殊会员之后,是否享受到了他们迫切需要的东西,如果网站的资源非常稀缺,其他站点难以复制,那么会员制是比较值得推荐的,管理起来相对比较容易和简单。

3. 搜索排名

其前提是各类信息和资源都相对丰富,内部竞争较大,例如,平台上提供无烟煤的有几千上万家,那么这样的情况下,搜索排名服务就很有必要了。

4. 企业黄页

和搜索排名类似,都需要庞大的数据库和较强的竞争力以及以流量为前提。

5. 交易佣金

适用于支持在线支付的 C2C 商城类,更适用于某些网站兼做交易中间担保的大宗 B2B 类,这两类网站有一个共同的性质,就是需要网站做诚信担保,不管是在产品质量还是其他所涉及的诸多方面,网站方需要对交易担保,如有出现违约,网站要对损失方承担赔偿,当然,对责任的追究由网站自己协调,但是给交易双方提供了有力保证,只要顺利完成,收取一定的佣金,是完全可行的。

6. 线上咨询

这类服务需要很强的专业技能,同时要承担其咨询内容的责任,如法律咨询、医务咨询等,这种收费方式暂时可能还不是很成熟,需要谨慎。另外网校一类的远程教育也属于这项。

7. 线下合作

如 B2B 类,可以和相关协会和机构联合举办行业会议或展会,促进行业的企业发展,这对一些小企业来讲,名额上也许不是那么容易拿到,网站可以帮助企业参加。

8. 移动增值服务

首先了解增值服务的含义,经营网站也可以参考,划分免费和收费项目,收费项目再根据性质分块,用户根据需求自主选择,对用户来讲更加灵活,只是对网站来讲,管理起来相对要复杂一些。假如发布了一条供应某款服饰的信息,当有登录用户浏览这条信息时,则用短信的方式告知供应商并列出其联系方式,当然这里供应商也可以根据需要设置浏览即通知或是有其他操作时通知,这里只是提供一个思路。还有如特殊道具(置顶、变色醒目等)、积分体系等多种类型。

盈利模式可以选择多种模式结合,但要注意理顺各种模式之间的关系,否则可能会惹起用户的负面情绪。

9.3.2　网站的推广

网站推广是一个相当大的课题,详细讲的话需要另外一本书的篇章。网站推广的目的在于让别人认识自己的网站,进而成为网站的用户。这对刚营运的网站是至关重要的。网站推广可以分为线上推广和线下推广。

1. 线上推广

线上推广可以有多种途径。其中最重要的是要提升网站在搜索引擎中的排名。刚开始营运的网站肯定是默默无名的,别人也不可能知道网站的地址。搜索引擎可以将潜在的用户引流到网站。但是如果网站的排名较低,用户也一般不会关注到,因为很少用户会在搜索引擎翻几十页去找网站。据统计一般排在搜索结果前三页的才有较大的机会被用户访问到。搜索引擎根据网站的访问量不断调整搜索结果的排名,一般访问量大的网站会排在前面。可是对新生的网站开始的时候不可能有太多的访问量。那么可以通过搜索引擎优化(SEO)去尽可能提升排名,通过积累的第一批用户慢慢提升。关于 SEO 读者们可以参考相关书籍,也可以找相关 SEO 公司帮网站推广。

除了搜索引擎外,可以选择在知名网站打广告。广告平台的选择要慎重,因为如果广告投放平台的用户和自己网站的用户风马牛不相及,那么最终的转化率也会低得可怜。可是如果广告平台的用户和自己网站的用户完全重合,那么广告平台可能会拒绝投放广告,因为所有网站都不希望自己的用户流失到竞争对手的手里。可以挑选用户群体相似,但业务和自己网站不冲突的平台投放广告。

除此,还可以利用社交网络(SNS)平台推广。例如,可以在微博发表留言,在论坛发帖子,在微信发起点赞活动等。这是比较流行而且成本不高的推广手段。

2. 线下推广

线下推广就是脱离网络,用传统的方式推广网站,包括电视广告、平面广告、户外广告等。千万别小看传统推广方式的力量。很多时候,看起来老掉牙的推广方式往往比时髦的推广方式能收到更好的效果。

9.3.3 网站相关数据的分析

网站上线运营后,最关心的问题是用户觉得网站怎么样。可惜的是,在大多数情况下用户不会主动告知相关信息的。当然也会有热心的用户提出意见和建议的,但数据样本太小,几乎无法评估整体的运行情况。这时候就需要相关的工具辅助分析网站用户的访问行为。Google 和百度这两大搜索引擎都提供相关的工具。这里以百度统计为例。

首先需要去百度统计注册一个账号,然后按照百度统计的要求将百度统计的统计代码加入自己的网站。这两步做好以后百度就会开始收集网站访问用户的行为,并形成统计图表供站长分析,如图 9-7 所示。

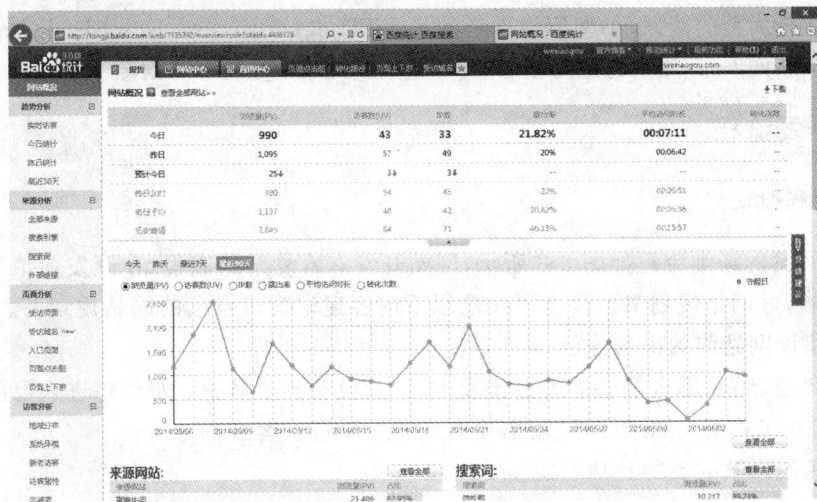

图 9-7 百度统计

百度统计除了能告知网站访问量的变化趋势外,还可以提供有价值的数据,如用户年龄构成、职业、入口页面、访问时长、点击热点等。可以通过这些数据分析网站的运营情况,从而指导下一步的决策。

9.4 综合案例

本节将结合一个案例说明网站项目构建和运维的整个过程。读者可以结合书本的素材按照正确流程完成本项目。

9.4.1 需求分析

1. 选题

本案例主要是做一个 IT 类的资讯网站,以数码科技新闻为主。选题主要考虑是作为参考案例,不宜挑选过于复杂的题目,其目的是让读者体验网站项目开发的整个流程。

2. 受众分析

案例网站主要提供 IT 数码资讯,目标用户是 15～25 岁的青少年群体。该群体大多数是没有独立经济能力的学生。他们比较关心消费电子产品,如智能手机、平板电脑、随身播放器等。这个年龄段的用户比较容易接受新事物,喜欢时髦新颖的产品,但经济能力又决定了他们追求性价比高的产品。因此,本网站提供的 IT 数码类新闻要迎合这个群体的需求。

3. 参考对象

同类的网站不少,有些是作为门户网站的其中一个分栏目整合。独立的 IT 类网站国内有 CNBeta(http://www.cnbeta.com),国外的有 Engadget(http://www.engadget.com)。上述两个是比较大型的网站,小型值得参考的是 WPDang(http://www.wpdang.com)。这些网站都是以新闻发布、用户讨论为核心业务,是案例网站的重要参考对象。

9.4.2 开发流程

1. 流程概述

网站开发的详细流程如图 9-8 所示,网站开发有着复杂的流程,在开发前最好整理相关资料,并写好网站规划书。读者可按照以下内容建议写出自己的网站规划书。

(1)建设网站前的市场分析

如果创意新颖,那么市场潜力会比较大,因为没有竞争对手;如果想进入已经成熟的市场,那就意味着更大的难度,这就需要对竞争对手进行客观的分析。

(2)建设网站的目的及功能定位

这部分内容在选题的时候已经讨论过。但选题时更多的是头脑中的思考,在网站规划书里面则要将这一部分形成书面内容。

(3)网站技术解决方案

前面两步都是从市场角度考虑。一般情况只有市场前景的网站才会有实现的价值,当市场考虑充分后,才进入技术讨论阶段。做网站有很多技术,而且每种技术都有自己的优势和缺点。除了考虑技术的先进性外,还必须考虑成本。也许某种技术非常好,但因经费有限而最终被否决。此外就是网站功能的考虑。一般在技术解决方案中要弄清楚以下几个问题。

① 采用自建服务器,还是租用虚拟主机。

② 选择操作系统,用 UNIX、Linux 还是 Windows 2000/NT。分析投入成本、功能、开发、稳定性和安全性等。

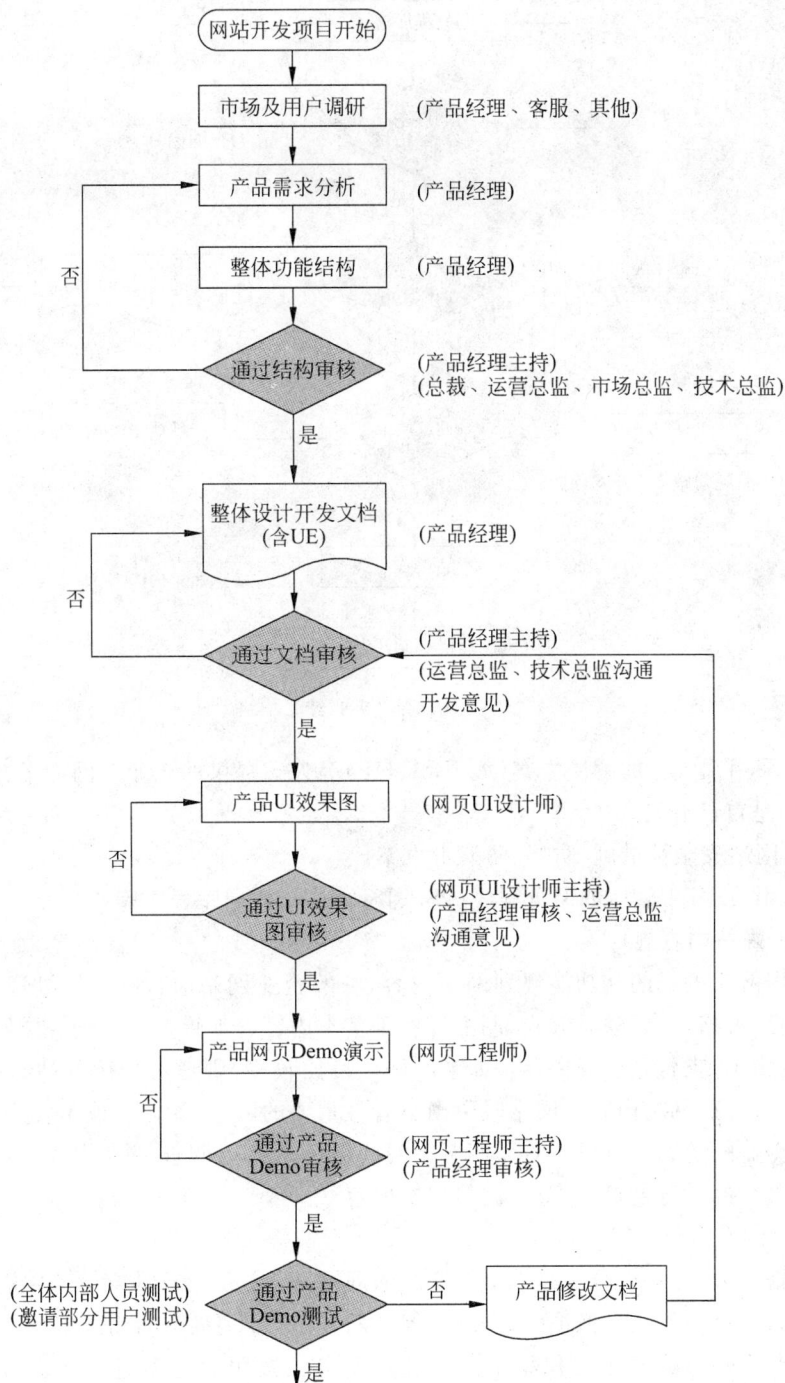

图 9-8　网站开发流程

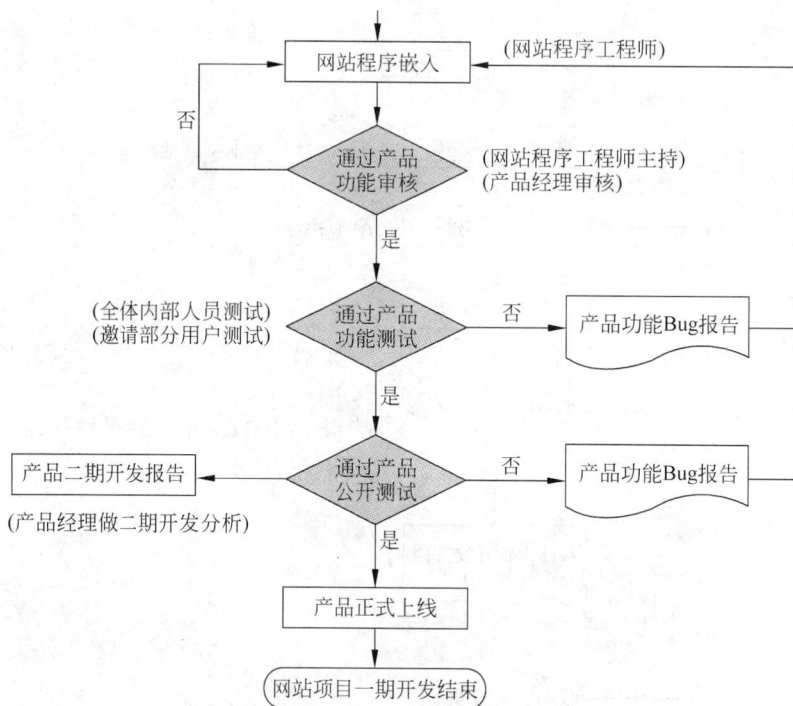

图　9-8（续）

③ 采用系统性的解决方案（如 IBM、HP）等公司提供的企业上网方案、电子商务解决方案，还是自己开发。

④ 网站安全性措施，防黑、防病毒方案。

⑤ 相关程序开发，如网页程序 ASP、JSP、CGI、数据库程序等。

（4）网站内容规划

根据网站的目的和功能规划网站内容，一般企业网站应包括：公司简介、产品介绍、服务内容、价格信息、联系方式、网上订单等基本内容。如果是电子商务类网站，要有查询商品、购物车、支付系统等内容。如果网站栏目比较多，则考虑采用网站编程专人负责相关内容。注意，网站内容是网站吸引浏览者最重要的因素，无内容或不实用的信息不会吸引匆匆浏览的访客。可事先对人们希望阅读的信息进行调查，并在网站发布后调查人们对网站内容的满意度，以便及时调整网站内容。

（5）网页设计

严格上说，这一部分才是本书要解决的问题。也许读者会失望，学了这么久原来只是解决这么一个小问题。似乎是这样的，但从网页设计入手是一个很好的切入点，至于其他部分就要靠在实际工作中积累了。不过只要自己按照规范做过一次，一般都能够很快掌握。

网页设计的美术设计要求与企业整体形象一致。要注意网页色彩、图片的应用及版面规划，保持网页的整体一致性。在新技术的采用上要考虑主要目标访问群体的分布地域、年龄阶层、网络速度、阅读习惯。制定网页改版计划，如半年到一年时间进行较大规模改版等。

（6）网站维护

主要包括几下几点。

① 服务器及相关软硬件的维护，对可能出现的问题进行评估，制定响应时间。

② 数据库维护，有效地利用数据是网站维护的重要内容，因此数据库的维护要受到重视。

③ 内容的更新、调整等。

④ 制定相关网站维护的规定，将网站维护制度化、规范化。

（7）网站测试

网站发布前要进行细致周密的测试，以保证正常浏览和使用。主要测试内容包括以下几点。

① 服务器稳定性、安全性。

② 程序及数据库测试。

③ 网页兼容性测试，如浏览器、显示器。

④ 根据需要的其他测试。

（8）网站发布与推广

通过测试后就可以发布网站。推广一般是参加广告活动和在搜索引擎登记。

（9）网站建设日程表

确定各项规划任务的开始完成时间、负责人等。

（10）费用明细

制定各项事宜所需费用清单。

2. 草图制作

网页草图顾名思义就是网页真正实现之前所画的效果图。想象中的效果毕竟和现实中的有所差异，画出草图能够验证构思是否可行。画草图当然可以用传统的纸和笔画，但这里强烈推荐读者用绘图软件画网页草图。因为从某种意义上说，用绘图软件画草图的过程实际上就是在制作网页的过程。在制作草图的时候，可以同时编辑以后会用到的网页素材，Fireworks 和 Photoshop 甚至可以将草图直接导出成为网页。更重要的是，绘图软件本身就提供丰富多彩的效果，画出来的草图也许比头脑中所想的还要好。所以在制作网页前先画出草图是一个非常好的习惯。

基于本案例的需求分析，这里倾向使用明快大方的颜色，以配合青少年群体的审美。但作为科技类新闻网站，色调也不能过于活泼，以免给人轻浮的感觉。图 9-9 就是本案例的设计草图。

关键参数说明如下。

① 画布大小：1024×768px。

② 背景渐变色：从 #ccccff 过渡到白色。

③ 顶端标题栏颜色：从 #8585bd 过渡到 #a6a6dd。

④ 顶端标题栏标题（IT TODAY）：Arial Black 字体，白色，大小是 59 磅，添加阴影滤镜。

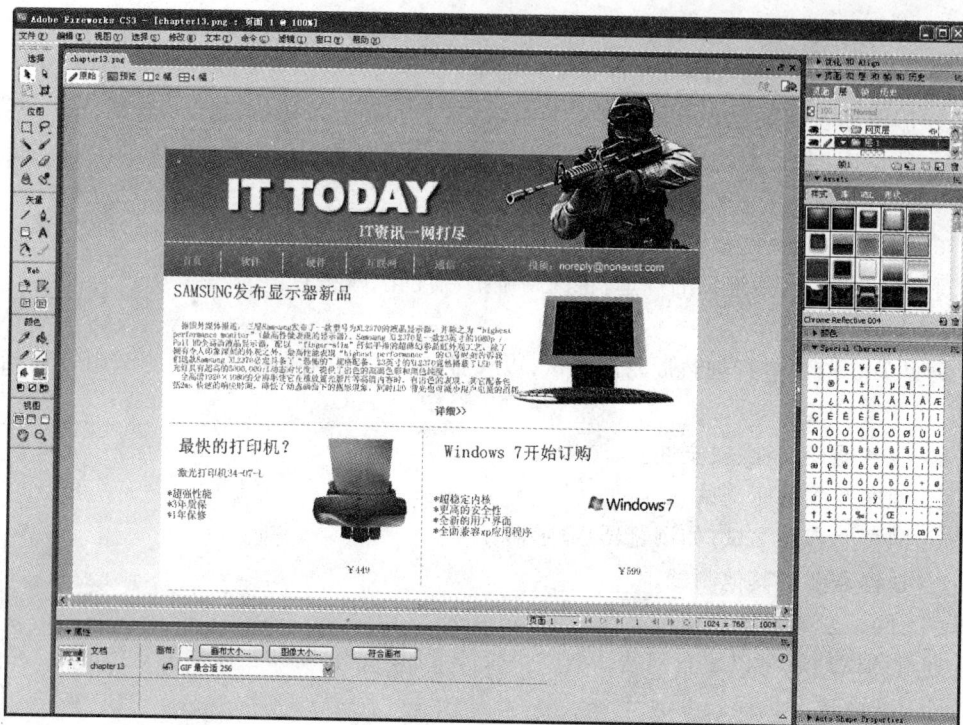

图 9-9　首页效果图

⑤ 导航条背景色：从＃aca899 过渡到＃8989b6。

⑥ 文章标题：宋体，颜色是＃434367，大小是 25 磅。

3. 首页制作

根据设计草图，对首页布局如图 9-10 所示。

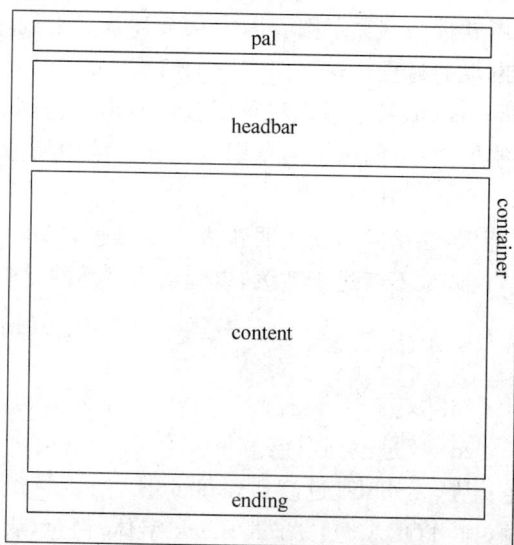

图 9-10　首页布局

采用 DIV＋CSS 实现上述布局,XHTML 代码如图 9-11 所示。

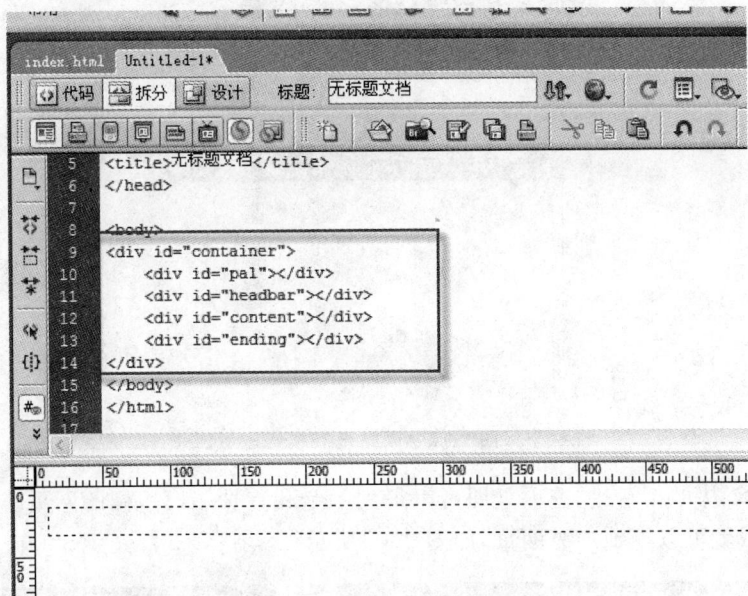

图 9-11 首页布局 DIV 结构

为实现布局设计的 CSS 规则如下:

```
<style>
# container{width:1000px;}
# pal{width:100%;}
# headbar{width:100%;}
# content{width:100%;}
# ending{width:100%;}
</style>
```

首页基本布局完成后可以根据提供的素材,逐一完成各个层的内容。id 为 content 的 div 是主内容区,可以用 div 再作一个局部布局。具体的方法和套路与整体布局类似,这里就不再重复了,读者可以根据素材自行完成。

4. 模板应用

做一个网站不但要会做,还要高效率地完成,完成后还必须方便以后更新改版。模板就是相当好的工具。在首页的设计方案中,除了 content 层外,其他层在后续的二级和三级网页都没有变化。那么可以考虑将首页转成模板,content 层里面设置一个可编辑区域留待后续编辑更改。在 Dreamweaver 中可以将做好的首页另存为模板(.dwt)。建立好可编辑区域后,保存当前模板。在 Dreamweaver 打开"文件"面板(如果在右边的面板组找不到,可查看"窗口"菜单,将"文件"面板打开),切换到"资源"选项卡,选择"模板"选项,如图 9-12 所示。其中列出了当前网站已有的模板。

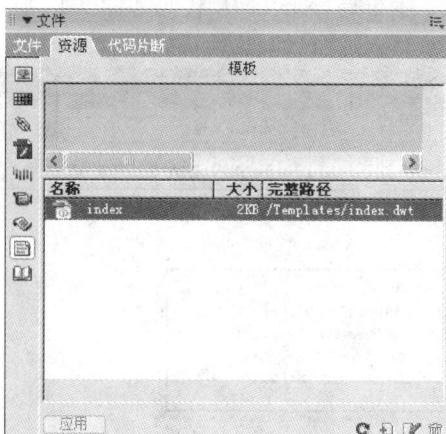

图 9-12　网站已有模板

右击选择"从母版新建"选项立即可以得到一个和首页一模一样的网页。改动新网页的可编辑区域就可以得到二级网页,如图 9-13 所示。

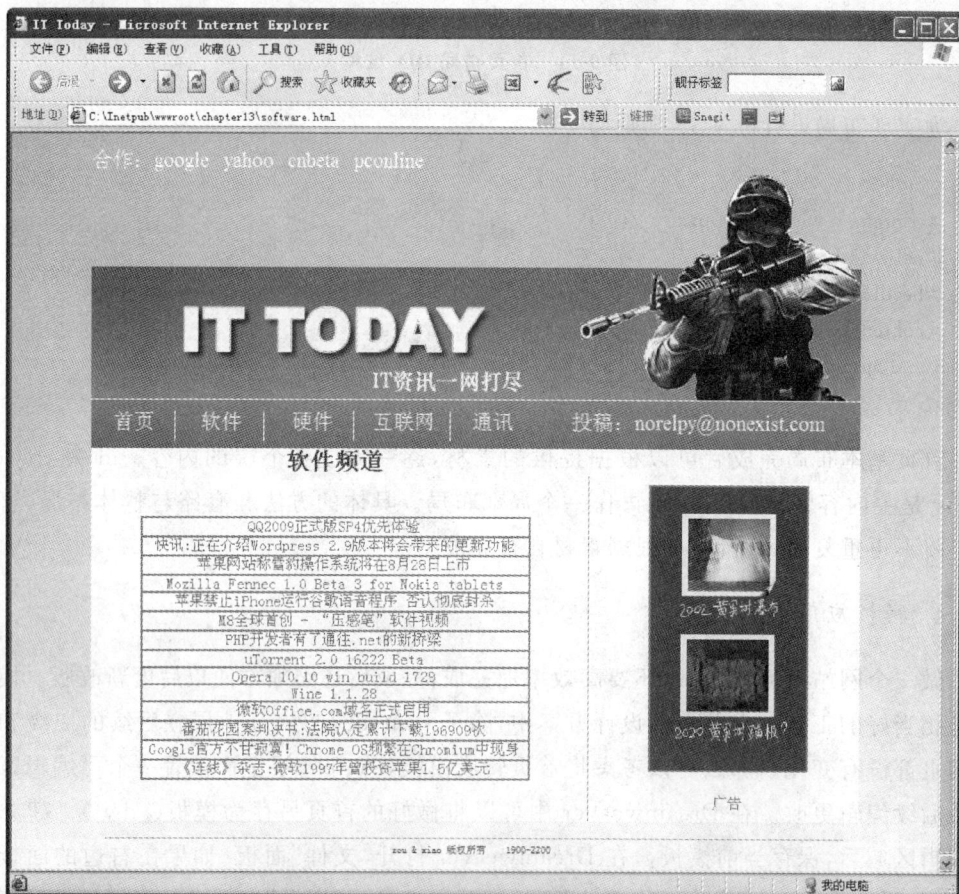

图 9-13　二级网页

用制作首页模板的方法,可以将二级网页转成二级网页模板,并将每一行的文章标题设置成可编辑区域。通过二级网页的模板,可以很快生成其他二级网页。

重复上面的操作,能很快得出三级网页的模板,如图 9-14 所示,并按需要生成文章网页。到目前为止网站已经基本实现。

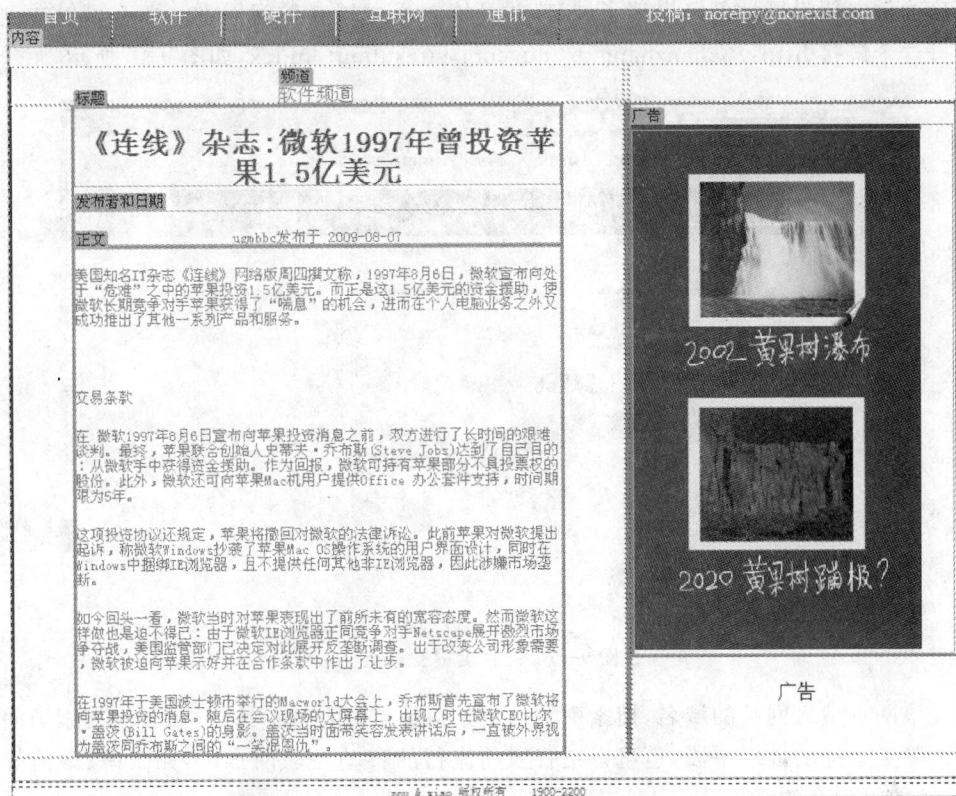

图 9-14　三级网页模板

5. 网站测试

网站开发完毕后,还要测试该网站是否存在重大问题。测试一般包括可用性测试、兼容性测试、安全性测试、性能测试等常见测试项。

可用性测试主要检查网站是否存在没有完善的地方,如链接是否可用、图片是否能正常显示等。兼容性测试主要用来测试网站在不同浏览器中是否表现一致。本案例网站用 IE、Firefox 和 Chrome 测试过,效果基本一致。安全测试一般在动态网站考虑比较多,前端网页一般不会出现致命的安全漏洞。在网站上传到服务器后,可以测试网站的加载速度,看是否可以接受。如果加载太慢,可以适当压缩图片等多媒体素材和优化 JavaScript 代码,以加快网站加载的速度。

经过上述的测试工序,网站已经可以上线运行。

9.4.3　推广和运维

案例网站上线运行后需要制订相应的推广计划。推广可分线上和线下两个维度进行。线上推广可以找同类的网站打广告。还有更重要的一步是提交到搜索引擎。以提交到百度为例。假设网站已经申请了域名,并且能够通过域名访问网站。那么可以在浏览器打开这个链接 http://zhanzhang.baidu.com/sitesubmit/index,如图 9-15 所示。

图 9-15　向百度提交站点

在该网页填入网站的域名,搜索引擎就会索引站点,用户就可以通过百度搜索访问网站了。除了上述的推广手段,也可以结合当前流行的移动互联网推广,如微博、微信等平台,往往能收到奇效。

线下推广就是利用传统的推广方法,如电视广告、平面媒体广告、传单、户外广告等,这里就不一一叙述了。

简　答　题

1. 网站规划书应该包括哪些主要内容?
2. 在制作网页前为什么要画网页草图?
3. 列举搜索引擎优化的技巧。
4. 简述你对网站项目的理解。

自　主　训　练

拟定一个主题,围绕该主题写一份网站规划书,设计并制作相应的网站。

参 考 文 献

[1] [美]梅洛尼,莫里森. HTML 与 CSS 入门经典(第 7 版)[M]. 姚军译. 北京：人民邮电出版社,2011.

[2] 张晓景. DIV+CSS 3.0 网页样式与布局经典范例[M]. 北京：电子工业出版社,2012.

[3] 孔璐. CSS+DIV 网页设计开发技术与实例应用[M]. 北京：国防工业出版社,2010.

[4] [美]Eric A. Meyer. 精彩绝伦的 CSS[M]. 姬光译. 北京：人民邮电出版社,2012.

[5] [美]卡尔韦尔. 你的网站价值百万[M]. 高采平,史鹏举译. 北京：电子工业出版社,2010.

[6] 金峰. 变幻之美：DIV+CSS 网页布局揭秘(案例实战篇)[M]. 北京：人民邮电出版社,2009.

[7] 陈承欢. 网页设计与制作实用教程[M]. 北京：人民邮电出版社,2011.

[8] [美]Michael Bowers. HTML 5 与 CSS 3 设计模式[M]. 曾少宁译. 北京：人民邮电出版社,2013.